机械故障特征提取及性能退化评估方法研究

齐晓轩 著

科学出版社
北 京

内 容 简 介

本书面向机械故障诊断及预测技术领域的发展需求，特别是旋转机械在高速运转状态时的特征提取与故障诊断研究需求。同时，本书介绍了迁移学习理论及其在机械大数据中的应用，将机械设备及部件的历史监测大数据迁移到实际工程问题中的小数据领域，解决故障诊断中数据和知识稀缺问题。本书介绍了旋转机械故障诊断技术的方法体系、框架和算法，内容包括绪论、故障机理及分析、多域特征提取、特征压缩、故障诊断方法及滚动轴承性能退化评估理论和应用。此外，各章节内容均涉及相关领域基础知识的介绍，并配有工程应用案例，能够为不同层次的读者与研究人员提供入门知识和参考信息。

本书可供从事机械故障诊断、设备健康管理及维护的工程师使用和参考，也可作为机械类、模式识别相关专业的研究生辅助教材。

图书在版编目（CIP）数据

机械故障特征提取及性能退化评估方法研究/齐晓轩著. —北京：科学出版社，2021.10

ISBN 978-7-03-070137-4

Ⅰ.①机… Ⅱ.①齐… Ⅲ.①机械设备-故障诊断-研究 Ⅳ. ①TH17

中国版本图书馆 CIP 数据核字（2021）第 214070 号

责任编辑：孙露露 王会明 / 责任校对：王万红
责任印制：吕春珉 / 封面设计：东方人华平面设计部

科学出版社 出版
北京东黄城根北街 16 号
邮政编码：100717
http://www.sciencep.com

北京中科印刷有限公司印刷
科学出版社发行 各地新华书店经销

*

2021 年 10 月第 一 版 开本：787×1092 1/16
2021 年 10 月第一次印刷 印张：9 1/2
字数：225 000

定价：98.00 元

（如有印装质量问题，我社负责调换〈中科〉）
销售部电话 010-62136230 编辑部电话 010-62138978-2010

前　言

随着工业及科技水平的不断提高，旋转机械的性能在逐步提升，相应的结构形式也日趋复杂。由于长期连续工作在高载荷、高转速下，旋转机械传动系统中的轴承及齿轮等部件发生故障比例增高，导致机械设备整体性能下降，甚至产生故障或事故。因此，研究实用、可靠的轴承及齿轮等旋转件的特征提取及状态评估技术一直是机械故障诊断领域的研究重点。旋转机械系统结构复杂，故障成因多种多样，振动问题也因此十分复杂。特别是在旋转机械处于高速运转状态时，振动信号表现出明显的非平稳、信噪比低及变化剧烈等特点，使得对振动信号的特征提取与分析工作难以有效进行。准确提取复杂工况下旋转机械故障振动特征，揭示其早期或潜在的故障发生、发展和转移规律，同样也是旋转机械故障诊断及预测研究工作中的热点和难点问题。

目前，可以用于旋转机械故障诊断的状态监测信息很多，如温度、声音、振动和应力等。其中，振动信号蕴含了丰富的机械设备异常或故障信息，已逐渐成为实现故障诊断的一种主要途径。对振动参数变化规律进行有效分析，可为设备故障特征识别提供重要依据。当旋转机械处于高速运作状态时，由于运行环境恶劣，受载复杂，振动信号对于转速、负载等工况波动的反应将变得更为敏感，信号变化剧烈，产生了快速的时变信号，同时伴随着严重的噪声污染，振动信号中原本有限的有用成分更为微弱，信噪比低，这使得对振动信号的准确分析变得更为困难。作者针对这个问题，从时频域及角域对非平稳振动信号进行了特征提取，有效地实现了轴承及转子故障诊断。

科技进步及工业需求的日益发展，对现代复杂机械装备的可靠性提出了更高要求。轴承的性能可由完好逐渐经历一系列不同退化状态直至完全失效。一般来说，轴承服役寿命并不长，如航空发动机主轴承服役寿命仅为数百小时，数控机床高速主轴轴承寿命为数千小时，一旦运行时间超出服役寿命，其运行精度会急剧下降，进而导致航空发动机、数控机床等装备无法正常工作。因此，研究复杂工况下可靠而实用的轴承性能退化评估对于优化装备的售后服务，提高产品附加值意义重大。实际应用中，随着材料制造工艺的进步，重要机械零件往往寿命较长且昂贵，大批量开展全寿命试验收集大量状态数据并不现实。另外，设备所处的外部运行环境差异大，获得的有限实验样本在应用时通用性很差，且不一定会涵盖退化过程中所有状态。实际上，由于制造误差、材料差异及工作环境等随机因素的影响，即使是同批次产品之间的退化也存在个体差异。这些会导致预测中一个非常突出的问题，即通用样本太少，严重影响预测模型的可靠性、有效性和鲁棒性。当可用样本过少时，建立一个良好的预测模型将变得非常有挑战性。目前的数据驱动预测方法在理论上都无一例外地需要足够多的样本作为支撑，如卡尔曼（Kalman）滤波和粒子滤波及其改进算法需要用大量的样本来很好地近似系统的后验概率密度，而机器学习方法除了要求训练及测试样本充足外，还要求两者之间保持独立同分布，因而面临着共同的挑战。

随着机械大数据时代的到来，机械装备及部件的历史数据越来越多，但这些数据相关却不相似，无法直接用于建立预测模型。如何有效地将历史监测大数据迁移到具体应用中的小数据领域，解决数据和知识稀缺的问题，是故障预测领域中的机遇与挑战，将成为一个新的研究热点。作者将迁移学习引入机械故障诊断中，使传统的学习由从零开始变得可累积，从而显著提高学习效率。

全书共分为 9 章，第 1 和 2 章介绍了机械故障特征提取与诊断基本概念、体系和机理，并分析了发展现状；第 3～5 章介绍了振动信号在时频域及角域的分析方法，利用小波包能量法、LMD 能量投影法、EEMD-小波包频带能量法提取了滚动轴承及转子不对中故障特征；第 6 章利用粗糙集理论实现了故障特征压缩；第 7～9 章介绍了滚动轴承性能退化评估方法，包括多域特征提取及融合算法。

由于作者水平有限，书中难免存在一些欠妥和疏漏之处，敬请广大读者批评指正。

作　者

2021 年 7 月于沈阳

目 录

第 1 章　绪　　论

随着工业及科技水平的不断提高，旋转机械的性能在逐步提升，相应的结构形式也日趋复杂。由于长期连续工作在高载荷、高转速下，旋转机械传动系统中的轴承及齿轮等旋转件发生故障比例极高，导致机械设备整体性能下降，甚至产生故障或事故，从而造成严重损失。因此，研究实用、可靠的轴承及齿轮等旋转件性能退化过程中的特征提取及状态评估技术，实现主动的故障预测，对于保持旋转机械完好性意义重大。旋转机械系统结构复杂，故障成因多种多样，旋转机械的振动问题也因此十分复杂。特别是在旋转机械处于高速运转状态时，振动信号表现出明显的非平稳、信噪比低及变化剧烈等特点，使得对振动信号的特征提取与分析工作难以有效进行。准确提取复杂工况下旋转机械故障振动特征，揭示其早期或潜在的故障发生、发展和转移规律，一直是旋转机械故障诊断及预测研究工作中的热点和难点问题。

1.1　旋转机械故障诊断研究现状

现代化工业生产中，机械设备正在向大型化、高速化、集成化、数字化和智能化方向发展。生产设备能否在无故障条件下正常运行，对于提高生产效率、保障安全生产至关重要[1-3]。旋转机械是指主要依靠旋转动作完成特定功能的机械，典型的旋转机械包括航空发动机、汽轮机、鼓风机、水轮机、发电机、压缩机、发电机及轧钢机等。作为生产装备的重要组成部分，在航空、石油、化工、冶金、机械和电力等生产领域中，旋转机械占关键设备总量的 80%以上[1]。旋转机械结构复杂，运转条件要求较高，并长期处于高速运行状态（一般为 3000r/min 以上，有时甚至高达 10000r/min）。由于易受各种随机因素的影响，旋转机械在工作时，不可避免地会出现一些机械故障。高速旋转部件的任一微小故障，都可能引发一系列的连锁反应，导致设备整体性能下降，甚至产生并发故障及事故。旋转机械一旦出现故障且未能及时发现和排除，将给工业生产带来巨大的安全隐患，甚至灾难性的后果，直接影响到企业的社会经济效益。因此，研究解决旋转机械设备的故障诊断问题具有重要的应用意义。

目前，可以用于旋转机械故障诊断的状态监测信息很多，主要包括温度、声音、振动和应力等。其中，振动信号蕴含丰富的机械设备异常或故障信息，因此利用振动信号实现故障诊断已逐渐成为一种主要途径。对振动参数变化规律进行有效分析，可为设备故障特征识别提供重要依据。据统计，利用振动特征分析可以找出旋转机械设备运行中 70%以上的故障源[4]。

旋转机械故障成因多种多样，主要包括材料缺陷、加工误差、安装失误、意外冲击或疲劳破损等，导致旋转部件的振动问题也变得十分复杂。另外，旋转机械一般具有传动系统结构复杂、传播路径复杂、传动元件多、传动元件间存在耦合等特点。尤其是当机械设备处于高速旋转状态时，由于运行环境恶劣，受载复杂，振动信号对于转速、负载等工况波动的反应将变得更为敏感，信号变化剧烈，产生了快速的时变信号，同时伴随着严重的噪声污染，振动信号中原本有限的有用成分更为微弱，信噪比低。这使得对振动信号的准确分析变得更为困难，给高速旋转机械故障诊断研究工作带来了新的挑战。准确提取高速旋转部件的微弱故障特征，揭示其早期或潜在的故障发生、发展和转移规律，已成为当前旋转机械故障诊断研究工作中的热点问题。研究分析结果表明，解决上述问题的关键在于从强噪声背景下的非平稳信号中有效地提取出信号故障特征，进而实现故障诊断。国内外学者对此已开展了大量的研究工作。旋转机械故障诊断技术的研究内容主要可以归为以下四个方面：①故障机理的研究；②信号处理与故障特征提取方法的研究；③故障特征压缩方法的研究；④故障识别方法的研究。下面对以上四个方面近年来的研究进展情况给予介绍。

1.1.1 机理分析

在故障机理方面，国内外很多科研人员做了大量的研究工作。美国学者 Sohre 在 1968 年发表了一篇题为《高速涡轮机械运行故障起因和治理》（Trouble-shooting to stop vibration of centrifugal）的论文，对旋转机械运行过程中可能出现的典型故障成因及其特征进行了较详细的归纳[5]。文献[5]中将典型故障系统归纳为 9 大类，已成为进行设备监测和故障诊断的重要依据。美国 Bently 公司对转子-轴承旋转机械系统运行中出现的典型故障机理做了大量试验研究并给出了相关的分析结论。日本的白木万博通过工程实际对现场故障的处理经验和相应的理论方法进行了全面的总结和分析[6]，为现场故障诊断提供了有价值的参考。国内西安交通大学、重庆大学、东北大学等单位在该领域也开展了长期、大量的研究工作，相关研究成果在故障诊断中已获得了广泛的应用[7-10]。高金吉院士归纳、总结了 10 类 58 种故障的诊断识别特征，提出了在设计制造、运行操作、安装维护等方面故障产生的主要原因及其处理、防护方法[11]。钟掘院士对机械系统非线性故障形成的机理进行了较系统的研究，提出了一种关于转子系统非线性振动的辨识建模方法[12]。闻邦椿院士利用解析分析、有限元计算和实验研究等多种手段研究了裂纹转子的故障诊断问题[13]。文献[14]在分析旋转机械常见故障产生机理的基础上，总结了各类故障振动特征、敏感参数和故障原因之间的对应关系，并据此给出了相应的治理措施建议。文献[15]等利用非线性动力学理论建立了转子动力学模型，用于解决发电机组轴系存在的主要振动问题，从多方面综合分析了各种故障因素影响下的动力学行为，同时也给出了针对轴系振动故障的综合治理方案。

在以振动信号为监控参量的旋转机械故障诊断中，信号是复杂的，因素是多方面的。首先，设备在运转时受载复杂，转速会发生波动，各种机械故障也会引发大量的冲击、摩擦等现象，最终导致振动信号的非平稳性；其次，故障发生时，由于各零部件的结构不同、转速不同，因此振动信号所包含不同零部件的振动特征频率分布的频带范围也不同。特殊情况下，当旋转件中某一部件出现早期缺陷时，外部表现的振动信号极其微弱，往往会被其他零部件运行时产生的振动信号和环境噪声所淹没，使信号分析难以进行。所以，从故障的物理本质入手，洞悉故障产生机理，是识别微弱故障特征的关键。深入研究故障机理，对高速旋转机械振动的激励因素和其振动特征进行分析，可以为准确判断旋转机械的运行状态、故障性质及故障源提供理论依据及支持。

1.1.2　特征提取

在机械故障诊断技术中，故障特征信息提取是非常重要并且非常困难的关键问题之一[16]。机械设备的状态信息是指能够反映机械运行状态的信息，包括振动信号、声音信号、温度信号及应力信号等。特征提取与选择的目的是得到最能反映分类本质的特征，以实现有效的故障识别与分类。故障分类的目的是正确区分正常状态和故障状态，将待识别的振动信息归为某一类。状态监测与故障诊断的必要前提是利用各类传感器进行有效的状态信息测量。由于不同类型的传感器对不同部件的状态反映程度不尽相同，因此在测试机械设备状态时要尽量选取能够反映机械设备状态特征的信息类型及其传感器。

特征提取对于正确的故障诊断非常重要，需要通过有效的信号分析方法提取出可以充分反映状态的特征信息。对上述状态信号从多角度、多领域进行特征提取，从而获得准确表征机械设备运行状态的特征量，是故障诊断的关键一步。旋转机械故障诊断特征提取的最常用方法，同时也是最简单的方法是傅里叶（Fourier）变换。这种方法具有很多优点，其物理意义很明确，且有成熟的快速 Fourier 变换（fast Fourier transform，FFT）。但是，Fourier 变换假定信号是周期性或平稳的，对非平稳信号的处理会出现相当大的误差；分析结果只有频域信息，丧失了时域特征。高速旋转状态下运行的旋转机械所产生的振动信号一般是非平稳信号，特别是在设备出现故障或者工况发生变化（如载荷、转速等发生变化）时，其非平稳性更为突出。对于旋转机械振动信号，需要重点研究非平稳信号的时频分析方法，该方法能够反映信号的频率成分随时间变化的规律及信号能量随时间和频率的分布情况。因此，结合信号分析技术的最新成果，在旋转机械故障特征提取研究工作中探索适合于非平稳信号分析的信号处理方法具有重要的实践意义。

1.1.3　特征压缩

旋转机械故障具有复杂性、多样性和不确定性的特点[17]。为了提高故障诊断的准确性，需要全面获取故障特征信息来充分描述故障模式。故障特征提取结果的好坏将直接影响故障诊断的准确性和实时性，这就要求反映故障的特征信息应是精简的、有效的，因此对冗余特征信息进行约简是十分必要的。多元统计理论中的主成分分析法（principal component analysis，PCA）可以提取故障样本集的主成分，降低样本维数，甚至可以实现样本的最优压缩。粗糙集理论（rough sets，RS）是新近兴起的另一个样本降维的有力工具[18]，其在寻找最小属性集的过程中可以去除原始信息中的冗余属性，达到数据降维目的。基于对旋转机械系统的信号特征分析，利用 PCA 和粗糙集理论方法可以有效地解决故障原始特征向量维数过高的问题[19-22]。

利用粗糙集理论，可以有效地分析不完整、不精确、不一致的不完备信息，从而发现其中的隐含知识，揭示其潜在的内在规律。粗糙集理论的本质是以知识和分类为基础，在保持分类能力不变的前提下，通过知识约简推导问题的决策或分类规则。基于粗糙集属性约简方法可以在保证数据分辨能力的前提下，对输入特征信息进行有效约简，降低特征向量的维数，达到减少数据量的目的，因此被广泛应用于特征选择过程中，近年来得到国际上众多学者的重视。我国也在国家自然科学基金、国家“863 计划”和一些省、市科学基金的支持下展开了一定的研究工作，取得了一些研究成果。文献[19]在分析和研究配电网故障诊断系统的属性选择和规则产生方法的基础上，将实时性属性约简、属性分类约简算法应用到配电网故障诊断系统中，并取得了成功。文献[20]提出了一种基于平均多粒度决策粗糙集的属性约简算法，避免了采用求同排异思想的悲观多粒度粗糙集由于限制条件过于苛刻而导致约简后的征兆属性集维数过低的问题。文献[21]采用 PCA 对提取了的广义复合多尺度排列熵特征进行降低处理，在由于发生故障而导致振动信号的随机性和动力学行为发生改变的情况下，也可以准确实现滚动轴承的故障诊断。文献[22]利用 PCA 方法对特征向量降维并减小噪声信号的干扰，达到了增强故障特征的目的。

1.1.4 故障诊断

在故障特征提取与压缩的基础上可以进一步进行故障诊断，其属于模式识别理论研究范畴。人工智能理论中的多种方法已先后被成功应用到机械故障诊断中。与一般的故障诊断方法相比，基于模式识别的故障识别与分类方法具有较多优势：①一般的故障诊断方法较多依赖于诊断方程或优化模型，而模式识别方法需要有典型的训练数据，但不需要分析对象的解析模型；②利用一般故障诊断方法进行建模时需要大量的计算，而模式识别法一般计算方法简单，计算量主要取决于样本数据量和应用背景；③一般诊断方法的主要工作集中于建模过程，模型建立后不便改变，而模式识别法则较灵活。人工神经网络、专家系统、聚类分析、支持向量机（support vector machine，SVM）及深度学习等理论已经在机械设备故障诊断领域中取得了很好的应用效果[23-27]。基于模式识别的智能故障诊断方法是目前的一个研究热点。

1.2 非平稳信号分析方法研究现状

1.2.1 非平稳信号的自适应分析方法研究现状

旋转机械在运行过程中由于受到周围环境中的温度、湿度、压力及其他因素的影响，其振动信号往往会表现出很强的非平稳、非线性特点。一些学者通过如短时 Fourier 变换（short-time Fourier transform，STFT）、维格纳-威尔分布（Wigner-Ville distribution，WVD）、小波变换（wavelet transform，WT）等方法对信号进行分析研究，从而使振动信号的处理与特征提取方面的技术得到了一定的发展。然而，上述方法均存在不同程度的缺陷，如 STFT 无法依据不同的信号进行窗的变换，信号处理能力有进一步提高的空间；小波变换中的小波基同样缺乏一定的自适应性。1998 年，Huang 等提出经验模态分解（empirical mode decomposition，EMD）方法，提升了信号的自适应分析能力[28]。但是，EMD 方法存在模态混叠问题，因此很多学者开展了更为深入的自适应分析方法的相关研究。

2005 年，Smith 提出了局部均值分解（local mean decomposition，LMD）方法，可以将复杂的信号分解为包含调幅调频信号的乘积函数（product functions，PF）[29]。文献[30]通过 LMD 方法从齿轮箱中提取出振动信号，并进行相关特征提取，实现了风力机的状态监测。这种方法同样被应用于其他机械设备的特征信息提取，如轴承[31]及齿轮[32]。与 EMD 相似，LMD 也存在模态混叠及端点效应问题，并存在一定的冗余分量。对此，一些学者通过延拓等方法予以解决。文献[33]通过谱相关分析进行处理，利用相关性最高的波形对两端的信号进行替换，改善了端点效应问题，但这种方法难以用于非平稳信号的规律性切割。另有一些学者通过积分延拓、镜像延拓等方法改善端点效应问题[34-35]，但是振动信号强烈的非平稳特点依然给端点部分的分解带来了困难。作为改进，程军圣等在 2012 年提出局部特征尺度分解（local characteristic scale decomposition，LCD）方法[36]，通过将多分量信号分解为若干个内禀尺度分量（intrinsic scale component，ISC）之和来减小分解过程中产生的误差。2013 年，郑近德等利用仿真信号对 LCD 与 EMD 方法进行了对比，结果表明其误差更小，运算耗时更少，并且在抑制端点效应方面有明显改善[37]。

1.2.2　非平稳信号的阶比跟踪分析方法研究现状

故障振动信号的时域分析结果，如时域统计参数、波形特征、轴心轨迹等；频域分析结果，如 Fourier 频谱、倒频谱、功率谱等，都可用于表征故障特征。时频分析是处理非平稳信号的有效手段，可以同时从时域和频域分析信号，并得到了广泛的应用。但是，当所分析的振动信号具有复杂的频率成分或旋转机械的速度变化非常剧烈时，单纯的时频分析就难以发挥有效的作用[38]。近年来，振动信号角域内的阶比跟踪分析技术也日趋成熟。

包括轴承和齿轮在内的旋转机械振动中有很大一部分与旋转机械的转速有关，即其振动频率表现为转速频率的整倍频（如转子不平衡、不对中）或分数阶倍频（如转子裂纹、松动等）。旋转机械的变速及升降速过程包含丰富的状态信息，一些在平稳运行时不易反映的故障征兆可能会充分地表现出来，因此旋转机械的升降速过程中的振动信息对于设备的故障诊断具有独特的价值[38-39]。与转速有关的阶比跟踪分析方法可以有效地对旋转机械变速过程的非稳态振动信号进行分析，表现出优良的性能及抗干扰能力。其特点是在角域内对信号进行分析，可将机械变速过程中的与转速相关的振动信号分离出来，同时抑制与转速无关的信号，并且变采样方式也可以提高振动测量的精确性。

近年来，国内外学者及研究人员针对非平稳信号的分析提出了各种阶比跟踪方法，主要有建立在角域采样理论上的早期的硬件阶比跟踪和后期的计算阶比跟踪（computed order track，COT）、Volt-Kalman 阶比跟踪（Vold-Kalman order track，VKOT）及 Gabor 阶比跟踪（Gabor order tracking，GOT）[40-42]等方法。鉴于 COT 算法比较简单，易于实现，又有很高的工程应用价值等特点，因此其在国内外旋转机械振动信号特征分析技术中应用最多。但是，在某些场合中，由于受环境限制，无法安装转速计量设备，因此无须转速跟踪设备的阶比跟踪技术也开始日益发展成熟。

文献[43]将阶比跟踪技术与 Teager 能量算子法相结合，用于齿轮齿根裂纹的故障诊断，取得了较好的效果。文献[44]将阶比跟踪分析与希尔伯特-黄变换（Hilbert-Huang transform，HHT）技术相结合，提出了基于倒阶比谱和经验模态分解的滚动轴承故障诊断方法，并将其成功地应用到齿轮箱升降速过程中的滚动轴承故障诊断中。文献[45]提出了基于广义解调时频分析的包络阶比谱方法，并将其应用于齿轮瞬态信号的分析中，来判断齿轮的工作状态。针对阶比跟踪技术应用中，转速获取需要安装额外转速测量设备及软件方法精度不高、抗噪能力弱的问题，文献[46]提出了利用线调频小波路径追踪进行瞬时频率估计的齿轮箱阶比跟踪方法，通过对齿轮箱的啮合频率分量进行估计来获取转速信号。文献[47]针对行星齿轮箱由于行星轮通过效应、太阳轮与行星架的旋转及时变工况，导致其振动响应存在时变传递路径及非平稳性等特点，提出一种能有效克服时变传递路径及非平稳性的基于包络信号角域加窗同步平均的行星齿轮箱故障特征提取方法。

当转速发生变化时，振动信号的突变更为强烈，信号的非平稳性加强；而从另一角度来看，一些在稳定运行时的特征信息此时会变得更为明显。因此，分析高速旋转机械振动信号在变速时的特性具有很好的应用前景。

1.3 迁移学习方法研究现状

迁移学习（transfer learning，TL）常用于解决交叉域问题，在两个数据域的数据在特征空间或属性方面总体上近似，但仍存在一定差异性的情况下，可利用数据较为充足的领域（辅助域或源域）去指导另一个领域（目标域）的学习[48-49]。在机械故障诊断及预测研究中，各类故障样本数据不足的问题十分突出。当目标域没有足够多的样本时，迁移学习关注如何最大限度地利用相关历史监测数据来改善目标领域的学习性能，建立可靠的预测模型。

1.3.1 领域适应学习方法研究现状

领域适应学习（domain adaptation learning，DAL）是迁移学习的一个重要研究方向，旨在传递和共享不同任务或领域之间的知识，着眼于解决源域和目标域的分布差异[48]。目前，领域适应学习在机器学习、数据挖掘、多任务学习等应用领域吸引了越来越多的关注和研究[50-53]。

近年来，研究人员分别从实例和特征两个角度出发来寻找领域之间的共性知识。前者从辅助域中通过计算权重等方式搜索一些特定的样本在目标域中被重用，提高学习机的分类性能[54-55]。当辅助域数据与目标域数据很相近时，基于实例的领域适应学习方法十分有效。后者则是通过学习领域之间的共享特征表示来实现知识的迁移，根据采用的技术不同分为特征选择法和特征映射法两种。其中，特征映射法方法应用广泛，其将辅助域和目标域的数据从原始高维特征空间向低维特征空间投影，使得两个领域样本在低维空间的分布尽可能相同。文献[56]提出通过使辅助域和目标域在隐性语义上的最大平均偏差最小化，求解映射后的特征空间，确保在此特征空间里两个领域具有相似的边缘概率分布，从而较好地训练目标任务的学习模型。文献[57]将源域和目标域映射到一个泛化的特征空间，并在知识迁移的过程中加入低秩约束来保持目标域和源域的原有结构。文献[58]研究了变工况下齿轮箱迁移诊断机制，通过公共潜在因子将训练集和测试集样本投影到分布间距最小的子空间上，在子空间上获得了性能优良的故障诊断模型。文献[59]在保持领域间相关性的基础上，实现领域数据从原始高维特征空间到低维特征空间的映射，在该低维空间中领域数据具有相似的分布。这些研究工作均通过特征映射的方式获得了样本新的表达方法，解决了源域和目标域的分布差异。文献[60]利用伪标签减小了不同域之间的条件分布差异，很好地处理了源域和目标域数据分布不一致的问题。

另外，通过特征映射获取样本的新表征后，领域适应学习方法需要选取有效的度量方法来评估两个领域的分布差异。常用的度量方法有布雷格曼（Bregman）散度[61]、基于熵的 K-L（Kullback-Leiber）距离[62]和最大均值差异（maximum mean discrepancy，MMD）[63]三种。其中，前两者均是带参的估计方法；而 MMD 度量是一种无参估计，通过计算辅助域与目标域之间的均值差来反映两个区域之间的分布差异。与前两者相比，MMD 度量计算简单有效、直观且易于理解。在此基础上，文献[64]提出了最大均值差异嵌入的核学习方法，在最小化 MMD 分布距离的条件下同时最大化核空间中的数据嵌入方差，然后通过核主成分分析得到数据的领域不变嵌入表征。从统计理论上来说，区域的总体均值反映的是该区域的总体分布情况，因而 MMD 方法本质上是一种全局方法，不可避免地会忽略样本分布的局部特征。文献[65]提出了一种具有局部学习能力的迁移学习度量，能够有效地反映领域间存在的局部分布差异和领域内存在的局部结构差异。文献[66]考虑单个样本对全局度量贡献的差异性，提出了一种最大分布加权均值差异度量方法。文献[67]通过一种兼顾类内距离的 MMD 方法实现了领域迁移学习，很好地保留了源域中数据的类别信息。

1.3.2　聚类及迁移聚类方法研究现状

聚类算法是一种典型的无监督学习算法。模糊 C 均值（fuzzy C-means，FCM）算法由于操作简单和扩展性好而在工程实际中取得了广泛而成功的应用。文献[68]提出了一种 K-L 信息 FCM（Kullback-Leiber FCM，KLFCM）方法，该方法在传统 FCM 算法的目标函数中增加了 K-L 规则化项，通过引入先验概率来控制聚类尺度，以提高聚类性能。但是，KLFCM 算法采用欧氏距离（即欧几里得度量，Euclidean metric）定义相似性测度，对于不规则分布的数据聚类性能欠佳。另外，随着维数及复杂度的增加，样本在欧氏空间（即欧几里得空间，Euclidean space）的差异变得越来越接近，导致 KLFCM 方法最终失效。文献[69]提出了基于核函数距离测度的 FCM 算法，利用核函数距离测度定义非相似性测度，较好地解决了图像分割时噪声敏感的问题。文献[70]提出基于马氏距离（Mahalanobis distance）测度的 FCM 算法，由于考虑了样本数据间的相关性而拓展了适用范围，使其不再仅适用于球形数据的聚类。仿射聚类（affinity propagation，AP）在 2007 年由 Frey 等提出[71]，AP 算法的目标函数均可以看作马尔科夫随机场（Markov random field，MRF）的能量函数，使用的优化算法基于样本点之间的信息传递，因而 AP 聚类也称为基于代表点的聚类。AP 算法的一个重要优势在于算法可以根据数据集自动完成聚类，而不要求预设数据簇的个数，这一特点使得 AP 聚类算法的应用范围更加广泛。谱聚类（spectral clustering，SC）算法因能在任意形状上聚类且收敛于全局最优解的特性，被广泛应用于图像处理、语音识别、文本聚类等领域。SC 算法的研究方向主要集中在图的划分和如何构造相似度矩阵方面，试图找到最能反映特征信息的相似度矩阵。文献[72]提出了一种密度敏感的相似性度量，是一种对数据比较依赖的相似性度量方法。文献[73]对相似性矩阵参数进行自适应调整，提出了自适应谱聚类算法。文献[74]提出了自适应半监督模糊谱聚类算法，利用少量带标签数据，结合模糊算法，弥补了聚类数目预先标注、对孤立点聚类不准确的缺点。文献[75]利用数据点的邻域分布，通过自动调节尺度参数增加其泛化能力。文献[76]针对矩阵构造存在的尺度敏感问题，利用密度差调整样本点之间的相似度。但是，以上方法多是以欧氏距离作为相似性度量方法，无法反映空间分布结构特征。文献[77]通过使用流形距离代替欧氏距离构造相似性矩阵来改进 AP 聚类算法，较好地解决了数据分布的全局结构问题。

目前的各聚类算法，都是在样本量足够充分的前提下才能获得可靠而有效的聚类结果。如前所述，在轴承性能退化评估问题中，样本数据不足的问题十分突出，而且在数据采集过程中信息的丢失也会造成数据的不完备，如果直接使用 FCM 算法对轴承性能退化状态进行聚类评估，将难以获得理想结果。文献[78]和文献[79]通过引入迁移学习机制来改善 AP 聚类算法在数据匮乏场景下的聚类性能，一定程度上解决了相似度较高数据的聚类问题。文献[80]从概率角度重新解释 AP 算法的目标函数，提出了一种基于 K-L 距离的迁移 AP 聚类算法。文献[81]针对利用源域虚拟簇中心作为迁移知识的迁移聚类算法容易受到离群点和噪声干扰的问题，提出了多代表点自约束的模糊迁移聚类算法。该算法引入了样本代表权重机制，通过为簇中每个样本分配代表权重来刻画簇结构，对离群点和噪声有较好的抑制作用。

近年来，迁移学习已成为机器学习的研究热点之一，然而迁移聚类的研究成果并不丰富。轴承性能退化评估问题中，各样本的退化状态在欧氏空间十分接近，对于这类相似度较高数据的聚类任务来说，基于多流形的迁移学习是非常有效的。

1.4 轴承性能退化评估和预测方法研究现状及目前存在的问题

科技进步及工业需求的日益发展，对现代复杂机械装备的可靠性提出了更高的要求。由于长期连续工作在高载荷、高转速下，旋转机械装备中的关键零部件——轴承发生故障的比例极高。轴承的性能可由完好逐渐经历一系列不同退化状态直至完全失效。一般来说，轴承服役寿命并不长，如航空发动机主轴承服役寿命仅为数百小时，数控机床高速主轴轴承寿命为数千小时，一旦运行时间超出服役寿命，其运行精度会急剧下降，进而导致航空发动机、数控机床等装备无法正常工作。因此，研究复杂工况下可靠而实用的轴承性能退化评估对于优化装备的售后服务，提高产品附加值意义重大。

轴承装备及其部件的健康退化乃至故障的产生是一个渐变的过程[82]。随着轴承工作时间的推移，其健康状态经历了一个从性能正常到性能下降直至性能失效的过程。因此，轴承寿命周期可分为正常期、潜在故障期及故障期三个阶段，如图 1.1 所示。一般情况下，当轴承运行于潜在故障期（图 1.1 中的 *AB* 区间）时，其性能参数会出现持续的变化，针对这些变化，可通过各种现代传感技术检测获得相应的征兆信号。如果在轴承故障产生之前综合利用这些征兆信号，对轴承性能退化状态进行评估，进而预测到相关故障可能发生的时刻、位置及损伤程度，那么就可以有效避免由于轴承故障可能带来的损失。

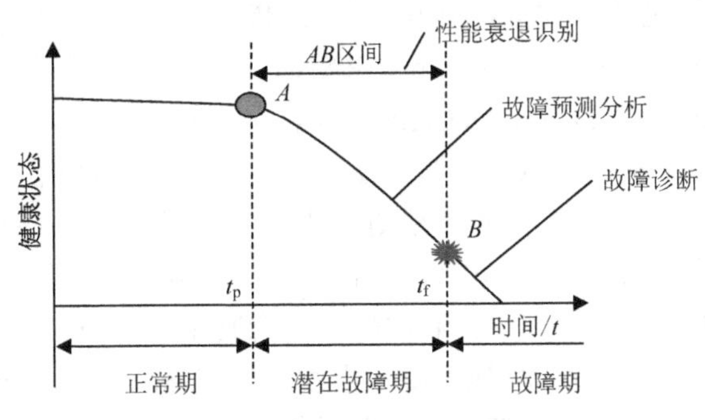

图 1.1　轴承故障产生过程

1.4.1　退化评估及预测方法研究现状

目前，对轴承性能进行评估及预测的方法大致分为基于退化过程的物理模型法、数据驱动法及两者的混合[83]。物理模型法预测精确度高，但由于退化过程较为复杂，物理模型难以准确获得，近期研究进展不多；数据驱动法在模型复杂度和精确度方面进行了折中，实现方法简单经济，目前已经成为主流。数据驱动法又可细分为基于概率统计和基于机器学习两种。随机概率模型考虑系统历史运行状况，符合设备老化的实际情况。文献[84]利用 Gauss 和 Gamma 等随机过程进行竞争失效的性能退化可靠性建模。文献[85]提出了一种基于 Wiener 过程且同时考虑随机退化和不确定测量的退化建模方法，实现了潜在状态的实时估计。上述文献及类似研究是基于退化历史数据来建立预测数学模型的，当历史数据不足时，预测效果将无从谈起。

设备或部件的退化是一个逐渐积累的过程，在不考虑破坏性的部件损坏情形下，其退化过程必然经历一系列的不同状态，可基于这些状态信息建立预测模型。隐马尔可夫模型（hidden Markov model，HMM）较早地被应用于故障预测中[86]。此外，贝叶斯（Bayes）理论也非常适合解决状态估计问题，典型的 Bayes 估计方法有 Kalman 滤波（Kalman filter，KF）和粒子滤波（particle filter，PF）[87]。但是，KF 不适用于非线性系统状态估计，因此各种改进算法相继被提出以解决这一问题，如扩展 Kalman 滤波（extended Kalman filter，EKF）、无迹 Kalman 滤波（unscented Kalman filter，UKF）和切换 Kalman 滤波等[88-90]。PF 是另外一种比较成熟的状态估计技术[91]，可在非线性退化过程和非高斯（Gauss）观测过程中实现高精度状态评估及剩余寿命预测，目前是故障预测领域的一个研究热点。然而，PF 会产生粒子退化问题。对此，研究人员对其进行了改进，如正则化 PF、自适应 PF、分布式 PF 等算法[92-94]分别从粒子数的自适应调整、实时性及分布式实现等角度进行了深入探讨，在一定程度上改善了 PF 算法的性能。PF 动态模型可以很好地描述轴承的状态信息，但是对于具有随机性的退化过程来说跟踪性能不佳，长期预测效果不理想。更为重要的是，PF 需要用大量的样本来很好地近似系统的后验概率密度。

除了进一步对 KF 和 PF 算法进行改进外，基于机器学习的预测方法也层出不穷。以人工神经网络（artificial neural network，ANN）、支持向量机为代表的机器学习算法模型对研究对象退化轨迹适应性强，具有很好的鲁棒性，应用也十分广泛。文献[95]利用循环神经网络（recurrent neural network，RNN）对轴承剩余寿命进行预测。文献[96]利用量子神经网络（quantum neural network，QNN）模型对电子元件的剩余寿命进行计算，通过引入量子纠缠机制提高网络参数的学习能力。文献[97]利用极限学习机（extreme learning machine，ELM）实现机械故障预测。此外，深度学习（deep learning，DL）理论也逐渐在故障诊断领域中有所应用[98]，但是在状态监测及故障预测方面的研究比较少见。文献[99]基于降维后的特征向量，利用深度信念网络（deep belief nets，DBN）模型对轴承性能进行评估。文献[100]将栈式降噪自编码器（stacked denoising auto encoder，SDAE）应用于旋转机械健康状态监测中。随着机械大数据时代的来临，相信深度学习理论在故障预测领域也会有很好的应用前景。虽然深度学习理论可以通过获得更精准的故障特征实质信息而尽量降低对样本数量的需求，但不会从根本上消除这种需求。

1.4.2 目前存在的问题

实际应用中，随着材料制造工艺的进步，重要机械零件往往寿命较长且昂贵，因此大批量开展全寿命试验，收集大量状态数据并不现实。另外，设备所处的外部运行环境差异大，获得的有限实验样本在应用时通用性很差，且不一定会涵盖退化过程中的所有状态。实际上，由于制造误差、材料差异及工作环境等随机因素的影响，即使是同批次产品之间的退化也存在着个体差异。这些会导致预测中一个非常突出的问题，即通用样本太少，严重影响了预测模型的可靠性、有效性和鲁棒性。当可用样本过少时，建立一个良好的预测模型将变得非常有挑战性。目前的数据驱动预测方法在理论上都无一例外地需要足够多的样本作为支撑，如 KF 和 PF 及其改进算法需要用大量的样本来很好地近似系统的后验概率密度，而机器学习方法除了要求训练及测试样本充足外，还要求两者之间保持独立同分布，因而面临着共同的挑战。

随着机械大数据时代的到来，机械装备及部件的历史数据越来越多，但这些数据相关却不相似，无法直接用于建立预测模型。如何有效地将历史监测大数据迁移到具体应用中的小数据领域，解决数据和知识稀缺的问题，是故障预测领域中的机遇与挑战，将成为一个新的研究热点。迁移学习正是这样的一种技术，解决样本的非独立同分布问题，使传统的学习由从零开始变得可累积，从而显著提高学习效率。

本章小结

本章内容为全书的绪论部分，包括旋转机械故障诊断研究现状、非平稳信号的自适应分析方法和阶比跟踪分析方法、迁移学习方法研究现状及轴承性能退化评估及预测方法研究现状，旨在夯实本书研究内容的基础。

参考文献

[1] 屈梁生，何正嘉. 机械故障诊断学[M]. 上海：上海科学技术出版社，1986.

[2] 钟秉林，黄仁. 机械故障诊断学[M]. 北京：机械工业出版社，1997.

[3] 范作民，孙春林，白杰. 航空发动机故障诊断导论[M]. 北京：科学出版社，2004.

[4] 陈长征，胡立新. 设备振动分析与故障诊断技术[M]. 北京：科学出版社，2007.

[5] SOHRE J S. Trouble-shooting to stop vibration of centrifugal[J]. Petro/Chem,1968(11): 22-33.

[6] 白木万博. 机械振动讲演论文集[M]. 郑州：郑州机械研究所，1984.

[7] 韩清凯，俞建成，宫照民，等. 大型旋转机械振动现场测试与故障特征分析[J]. 振动、测试与诊断，2003，23(1)：1-13.

[8] 汤宝平，罗雷，邓蕾，等. 风电机组传动系统振动监测研究进展简[J]. 振动、测试与诊断，2017(3)：417-425，622.

[9] 屈梁生. 屈梁生论文集：机械监测诊断中的理论与方法[M]. 西安：西安交通大学出版社，2009.

[10] 雷亚国，贾峰，孔德同，等. 大数据下机械智能故障诊断的机遇与挑战[J]. 机械工程学报，2018，54(5)：94-104.

[11] 高金吉. 高速涡轮机械振动故障机理及诊断方法的研究[D]. 北京：清华大学，1993.

[12] 钟掘，陈安华. 机械系统状态监测与故障诊断领域的重要课题[J]. 世界科技研究与发展，1996，18(6)：15-19.

[13] 闻邦椿，武新华，丁千，等. 故障旋转机械非线性动力学的理论与试验[M]. 北京：科学出版社，2004.

[14] 徐敏，张瑞林. 设备故障诊断手册[M]. 西安：西安交通大学出版社，1998.

[15] 陈予恕. 机械故障诊断的非线性动力学原理[J]. 机械工程学报，2007(1)：29-38.

[16] 陈进. 信号处理在机械设备故障诊断中的应用[J]. 振动与冲击，1999，18(3)：91-93.

[17] 陈长征，刘强. 概率因果网络在汽轮机故障诊断中的应用[J]. 中国电机工程学报，2001，21(3)：78-81.

[18] PAWLAK Z. Rough set [J]. International Journal of Computer and Information Sciences, 1982(11): 341-356.

[19] 马君华. 粗糙集属性约简和聚类算法及其在电力自动化中的应用研究[D]. 武汉：华中科技大学，2010.

[20] 于军，丁博，何勇军. 基于平均多粒度决策粗糙集和 NNBC 的滚动轴承故障诊断[J]. 振动与冲击，2019，38(15)：209-215.

[21] 郑近德，刘涛，孟瑞，等. 基于广义复合多尺度排列熵与 PCA 的滚动轴承故障诊断方法[J]. 振动与冲击，2018(37)：20，61-66.

[22] 郭伟超，赵怀山，李成，等. 基于小波包能量谱与主成分分析的轴承故障特征增强诊断方法[J]. 兵工学报，2019，40(11)：2370-2377.

[23] 雷亚国，何正嘉. 混合智能故障诊断与预示技术的应用进展[J]. 振动与冲击，2011，30(9)：129-135.

[24] 雷亚国，杨彬，杜兆钧，等. 大数据下机械装备故障的深度迁移诊断方法[J]. 机械工程学报，2019，55(7)：1-8.

[25] 丁子杨，杨路航，程军圣，等. 一种基于概率输出弹性凸包的滚动轴承故障诊断方法：201911406664. 7 [P]. 2020-04-21.

[26] 张振良，刘君强，黄亮，等. 基于半监督迁移学习的轴承故障诊断方法[J]. 北京航空航天大学学报，2019，45(11)：2291-2300.

[27] 程军圣，黄文艺，杨宇. 基于 LFSS 和改进 BBA 的滚动轴承在线性能退化评估特征选择方法[J]. 振动与冲击，2018，37(11)：89-94.

[28] HUANG N E, SHEN Z, LONG S R, et al. The empirical mode decomposition and the Hilbert spectrum for nonlinear and non-stationary time series analysis[J]. Proceedings Mathematical Physical and Engineering Sciences, 1998, 454(1971): 903-995.

[29] SMITH J S. The local mean decomposition and its application to EEG perception data[J]. Journal of the Royal Society Interface, 2005, 2(5): 443-454.

[30] GAO Q W, LIU W Y, TANG B P, et al. A novel wind turbine fault diagnosis method based on integral extension load mean decomposition multiscale entropy and least squares support vector machine[J]. Renewable Energy, 2018(116): 169-175.

[31] 马增强，柳晓云，张俊甲，等. VMD 和 ICA 联合降噪方法在轴承故障诊断中的应用[J]. 振动与冲击，2017，36(297)：

209-215.

[32] 程军圣，杨怡，杨宇. 基于LMD的谱峭度方法在齿轮故障诊断中的应用[J]. 振动与冲击，2012，31(18)：20-23，54.

[33] GUO W, HUANG L, CHEN C, et al. Elimination of end effects in local mean decomposition using spectral coherence and applications for rotating machinery[J]. Digital Signal Processing, 2016 (55): 52-63.

[34] LIU W Y, GAO Q W, YE G, et al. A novel wind turbine bearing fault diagnosis method based on integral extension LMD[J]. Measurement, 2015(74): 70-77.

[35] LI Y, XU M, ZHAO H, et al. A new rotating machinery fault diagnosis method based on improved local mean decomposition[J]. Digital Signal Processing, 2015, 46(C): 201-214.

[36] 程军圣，郑近德，杨宇. 一种新的非平稳信号分析方法：局部特征尺度分解法[J]. 振动工程学报，2012，25(2)：215-219.

[37] 郑近德，程军圣，杨宇. 部分集成局部特征尺度分解：一种新的基于噪声辅助数据分析方法[J]. 电子学报，2013，41(5)：1030-1035.

[38] 李辉，郑海起，杨绍普. 齿轮箱起动过程故障诊断[J]. 振动、测试与诊断，2009(2)：167-170.

[39] PAN M C, WU C X. Adaptive Vold:Kalman filtering order tracking[J]. Mechanical Systems and Signal Processing, 2007, 21(8): 2957-2969.

[40] FYFE K R, MUNCK E D S. Analysis of computed order tracking[J]. Mechanical Systems and Signal Processing, 1997, 11(2): 187-205.

[41] BOSSLEY K M, MCKENDRICK R J, HARRIS C J, et al. Hybrid computed order tracking[J]. Mechanical Systems and Signal Processing, 1999, 13(4): 627-641.

[42] 李斌，郭瑜，刘亭伟，等. 基于独立分量分析与包络阶比分析的齿轮箱多振源特征提取[J]. 振动与冲击，2012(19)：75-79.

[43] 李辉，郑海起，唐力伟. Teager-Huang变换在齿轮裂纹故障诊断中的应用[J]. 振动、测试与诊断，2010(1)：7-11，100.

[44] 康海英，祁彦洁，王虹，等. 利用倒阶次谱和经验模态分解的轴承故障诊断[J]. 振动、测试与诊断，2009，29(1)：60-65，118.

[45] 程军圣，李宝庆，杨宇，等. 基于广义解调时频分析的包络阶次谱在齿轮故障诊断中的应用[J]. 振动工程学报，2009，22(5)：467-473.

[46] 刘坚，彭富强，于德介. 基于线调频小波路径追踪阶比跟踪算法的齿轮箱故障诊断研究[J]. 机械工程学报，2009，45(7)：81-86.

[47] 赵磊，郭瑜，伍星. 基于包络加窗同步平均的行星齿轮箱特征提取[J]. 振动、测试与诊断，2019，39(190)：92-98，216.

[48] PAN S J, YANG Q. A survey on transfer learning[J]. IEEE Transactions on Knowledge and Data Engineering, 2010, 22(10): 1345-1359.

[49] MARGOLIS A. A literature review of domain adaptation with unlabeled data[R]. Technical. Report, 2011: 1-42.

[50] PAN S J, NI X, SUN J T, et al. Cross-domain sentiment classification via spectral feature alignment[C]// Proceedings of the 19th International Conference on World Wide Web. ACM, 2010: 751-760.

[51] DAI W, CHEN Y, XUE G R, et al. Translated learning： Transfer learning across different feature spaces[C]// Proceedings of Advances in Neural Information Processing Systems, Vancouver, British Columbia, 2008: 353-360.

[52] CAO B, LIU N N, YANG Q. Transfer learning for collective link prediction in multiple heterogenous domains[C]// Proceedings of the 27th International Conference on Machine Learning (ICML-10), 2010: 159-166.

[53] WANG H Y, ZHENG V W, ZHAO J, et al. Indoor localization in multi-floor environments with reduced effort[C]// Pervasive Computing and Communications (PerCom), 2010 IEEE International Conference on. IEEE, 2010: 244-252.

[54] GONG B, GRAUMAN K, SHA F. Connecting the dots with landmarks: Discriminatively learning domain-invariant features for unsupervised domain adaptation[C]// International Conference on Machine Learning. Atlanta:IMLS, 2013: 222-230.

[55] GRETTON A, SCHÖLKOPF B, HUANG J. Correcting sample selection bias by unlabeled data[J]. Advances in Neural Information Processing Systems, 2007(19): 601-608.

[56] PAN S J, KWOK J T, YANG Q. Transfer learning via dimensionality reduction[C]// Proceedings of the 23rd National Conference on Artificial Intelligence-Volume 2. AAAI Press, 2008: 677-682.

[57] MING S, D KIT, YUN F. Generalized transfer subspace learning through low-rank constraint[J]. International Journal of Computer Vision, 2014, 109(1-2): 74-93.

[58] 谢骏遥，王金江，赵锐，等. 迁移因子分析在齿轮箱变工况故障诊断中的应用[J]. 电子测量与仪器学报，2016，30(4)：534-541.

[59] 张博，史忠植，赵晓非，等. 一种基于跨领域典型相关性分析的迁移学习方法[J]. 计算机学报，2015(7)：1326-1336.

[60] 沈长青，王旭，王冬，等. 基于多尺度卷积类内迁移学习的列车轴承故障诊断[J]. 交通运输工程学报，2020(5)：151-164.

[61] BEN-DAVID S, BLITZER J, CRAMMER K, et al. Analysis of representations for domain adaptation[C]// International Conference on Neural Information Processing Systems. MIT Press, 2006: 137-144.

[62] PÉREZ-CRUZ F. Kullback-Leiber divergence estimation of continuous distributions[C] //Information Theory, 2008. ISIT 2008. IEEE International Symposium on. IEEE, 2008: 1666-1670.

[63] BORGWARDT K M, GRETTON A, RASCH M J, et al. Integrating structured biological data by kernel maximum mean discrepancy[J]. Bioinformatics, 2006, 22(14): 49-57.

[64] GRETTON A, BORGWARDT K M, RASCH M, et al. A kernel method for the two-sample-problem[J]. Advances in Neural Information Processing Systems, 2007(19): 513.

[65] 皋军，黄丽莉，孙长银. 一种基于局部加权均值的领域适应学习框架[J]. 自动化学报，2013，39(7)：1037-1052.

[66] 臧绍飞，程玉虎，王雪松. 基于最大分布加权均值嵌入的领域适应学习[J]. 控制与决策，2016，31(11)：2083-2089.

[67] JIANG M, HUANG W, HUANG Z, et al. Integration of global and local metrics for domain adaptation learning via dimensionality reduction[J]. IEEE Transactions on Cybernetics, 2017, 47(1): 38-51.

[68] ICHIHASHI H, MIYAGISHI K, HONDA K. Fuzzy c-means clustering with regularization by KL information[C]// Fuzzy Systems, 2001. The 10th IEEE International Conference on. IEEE, 2001(2): 924-927.

[69] 刘思远，李晓峰，李在铭. 基于核函数距离测度的加权模糊C均值聚类与Markov空域约束的快速鲁棒图像分割[J]. 计算机科学，2006，33(4)：225-227.

[70] 田再克，李洪儒，孙健，等. 基于改进MF-DFA和SSM-FCM的液压泵退化状态识别方法[J]. 仪器仪表学报，2016，37(8)：1851-1860.

[71] FREY B J, DUECK D. Clustering by passing messages between data points[J]. Science, 2007, 315(5814): 972-976.

[72] 王玲，薄列峰，焦李成. 密度敏感的谱聚类[J]. 电子学报，2007，35(8)：1577-1581.

[73] 德云，张道强. 自适应谱聚类算法研究[J]. 山东大学学报（工学版），2009，39(5)：22-26.

[74] 高倩. 基于模糊理论的谱聚类算法研究与应用[D]. 无锡：江南大学，2009.

[75] ZELNIK-MANOR L. Self-tuning spectral clustering[C]// Proc of the 17th International Conference on Neural Information Processing Systems, 2005: 1601-1608.

[76] WANG R, SHAN S, CHEN X, et al. Manifold-Manifold distance with application to face recognition based on image set[C]// IEEE Computer Society Conference on Computer Vision and Pattern Recognition, 2008: 1-8.

[77] 张建朋，陈福才，李邵梅. 基于混合测度的并行仿射传播聚类算法[J]. 计算机科学，2012，40(7)：173-178，201.

[78] 杭文龙，蒋亦樟，刘解放，等. 迁移近邻传播聚类算法[J]. 软件学报，2016，27(11)：2796-2813.

[79] XIA D, WU F, ZHANG X, et al. Local and global approaches of affinity propagation clustering for large scale data[J]. Journal of Zhejiang University-Science A, 2008, 9(10): 1373-1381.

[80] 毕安琪，王士同. 基于Kullback-Leiber距离的迁移仿射聚类算法[J]. 电子与信息学报，2016，38(8)：2076-2084.

[81] 秦军，张远鹏，蒋亦樟，等. 多代表点自约束的模糊迁移聚类[J]. 山东大学学报（工学版），2019，49(2)：107-115.

[82] BATEMAN F, NOURA H, OULADSINE M. Fault diagnosis and fault-tolerant control strategy for the aerosonde UAV[J]. IEEE Transactions on Aerospace and Electronic Systems, 2011, 47(3): 2119-2137.

[83] EL-THALJI I, JANTUNEN E. A summary of fault modelling and predictive health monitoring of rolling element bearings[J]. Mechanical Systems and Signal Processing, 2015(60): 252-272.

[84] BAGDONAVICIUS V, NIKULIN M S. Estimation in degradation models with explanatory variables[J]. Lifetime Data Analysis, 2001, 7(1):85-103.

[85] 司小胜，胡昌华，张琪，等. 不确定退化测量数据下的剩余寿命估计[J]. 电子学报，2015，43(1)：30-35.

[86] YU J. Health condition monitoring of machines based on hidden Markov model and contribution analysis[J]. IEEE Transactions on Instrumentation and Measurement, 2012, 61(8): 2200-2211.

[87] QIAN Y, YAN R, HU S. Bearing degradation evaluation using recurrence quantification analysis and Kalman filter[J]. IEEE Transactions on Instrumentation and Measurement, 2014, 63(11): 2599-2610.

[88] SINGLETON R K, STRANGAS E G, AVIYENTE S. Extended Kalman filtering for remaining-useful-life estimation of bearings[J]. IEEE Transactions on Industrial Electronics, 2015, 62(3): 1781-1790.

[89] JIN X, SUN Y, QUE Z, et al. Anomaly detection and fault prognosis for bearings[J]. IEEE Transactions on Instrumentation and Measurement, 2016, 65(9): 2046-2054.

[90] LIM C K R, MBA D. Switching Kalman filter for failure prognostic[J]. Mechanical Systems and Signal Processing, 2015(52): 426-435.

[91] ZIO E, PELONI G. Particle filtering prognostic estimation of the remaining useful life of nonlinear components[J]. Reliability Engineering and System Safety, 2011, 96(3): 403-409.

[92] LIU J, WANG W, MA F. A regularized auxiliary particle filtering approach for system state estimation and battery life prediction[J]. Smart Materials and Structures, 2013(7): 38-43.

[93] SANTOSO F, GARRATT M A, ANAVATTI S G. Visual-inertial navigation systems for aerial robotics:Sensor fusion and technology[J]. IEEE Transactions on Automation Science and Engineering, 2017, 14(1): 260-275.

[94] VÁZQUEZ M A, MÍGUEZ J. A robust scheme for distributed particle filtering in wireless sensors networks[J]. Signal Processing, 2017(131): 190-201.

[95] GUO L, LI N, JIA F, et al. A recurrent neural network based health indicator for remaining useful life prediction of bearings[J]. Neurocomputing, 2017, 240(5): 98-109.

[96] CUI Y, SHI J, WANG Z. Complex rotation quantum dynamic neural networks (CRQDNN) using complex quantum neuron (CQN): Applications to time series prediction[J]. Neural Networks, 2015(71): 11-26.

[97] JAVED K, GOURIVEAU R, ZERHOUNI N. A new multivariate approach for prognostics based on extreme learning machine and fuzzy clustering[J]. IEEE Transactions on Cybernetics, 2015, 45(12): 2626-2639.

[98] JIA F, LEI Y, LIN J, et al. Deep neural networks:A promising tool for fault characteristic mining and intelligent diagnosis of rotating machinery with massive data[J]. Mechanical Systems and Signal Processing, 2016(72): 303-315.

[99] YIN A, LU J, DAI Z, et al. Isomap and deep belief network-based machine health combined assessment model[J]. Journal of Mechanical Engineering, 2016, 62(12): 740-750.

[100] LU C, WANG Z Y, QIN W L, et al. Fault diagnosis of rotary machinery components using a stacked denoising autoencoder-based health state identification[J]. Signal Processing, 2017(130): 377-388.

第 2 章　故障机理及分析

故障机理分析是故障诊断中一项重要的基础性研究课题。从故障形成的物理本质入手，分析故障产生机理，是识别机械故障特征的关键。旋转机械运行过程中，由于物理原因处于不同运行状态时产生的振动也将不同，如故障状态下产生的振动与正常状态下产生的振动有较大的区别。因此，可以利用各种传感器检测技术获取旋转机械的振动信号。由于振动信号中包含众多旋转机械运行的状态信息，因此通过信号分析可实现对相关信息的提取并用于对设备运行故障进行诊断。根据旋转机械的故障形成机理，正确分析不同故障状态下的振动信号特征，是实现准确故障诊断的前提条件。本章将对轴承和齿轮的振动机理及常见故障进行初步研究，并分析这类振动信号的调制特征及频谱特征，研究轴承和齿轮故障信号的时域特征和频域特征，为故障诊断提供理论依据和诊断方法。

2.1　轴 承 故 障

2.1.1　产生机理

作为机械设备中常见的零部件之一，轴承通常由外圈、滚动体（滚珠）、保持架和内圈组成，如图 2.1 所示。这四个部分中，轴承内圈和轴颈装配在一起，并且随着轴的转动而转动[1]；轴承外圈与轴承的底座装配在一起，在一般情况下，轴承的外圈是固定不动的，在轴承中起到固定作用。滚动体是轴承中的重要组成元件，轴承通过滚动体的滚动，使得滚动体内外圈的摩擦变为滚动摩擦，减少了摩擦的影响[2]。轴承中保持架的作用就是固定滚动体，防止滚动体脱落[3]。

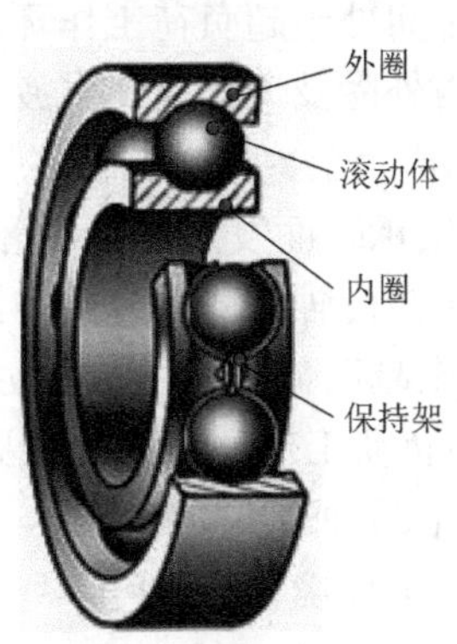

图 2.1　轴承的结构

当轴承挂载一定负载时，轴承会以一定的速度绕轴进行转动。在转动过程中，轴承会发生振动产生振动信号，并且该振动信号是随机产生的[4]。在轴承外部，传动轴上零部件的作用也会使得轴承发生振动，如转子的不平衡、不对中、机构共振等[5]；在轴承内部，轴承本身内部的一些原因也会使轴承发生振动，轴承本身主要的内部原因包括轴承内部原件制作过程中的误差、装配轴承的过程中产生的误差、轴承在运转过程中发生的故障等。轴承内部原件制作过程中的误差主要包括制作过程中产生的表面波纹、制作的滚动体大小不一等情况；装配轴承的过程中产生的误差主要包括装配时由于操作不当产生的不对中、不平衡等；轴承在运转过程中发生的故障主要包括轴承运行时间太长，使得轴承产生疲劳点蚀、裂纹、磨损及润滑不良等[6-8]。

由于轴承在转动时的振动形式不断变化，因此可以将轴承的振动大致分为以下 3 种类型。

1）轴承结构特点引起的振动。当轴承在运行过程中挂载一定负荷时，轴承的内圈、外圈、滚动体的机械形态会因受力过度而变形，这样就造成了轴承转动时其轴心发生严重变化，轴承会发生明显振动，这时主要频率成分是 zf_c（z 表示滚动体的个数，f_c 表示滚动体的公转频率）；当轴承转动过程中轴发生弯曲或者倾斜现象时，轴承也会发生振动，这时主要频率成分是 $zf_c + f_s$（f_s 表示轴承转动的频率）；当每一滚动体的直径不一致时，轴承的轴心就会随着滚动体的转动不断发生变化，相应地就会产生振动[7]。

2）精加工波纹引起的振动。在对轴承进行加工过程中，滚道或者滚动体表面可能会留有精加工产生的波纹，当波纹的数目超过一定的限制时，轴承就会发生明显振动。

3）滚动体与内外圈滚道接触，由于过度磨损产生局部缺陷而引起的振动。当这种局部缺陷产生时，会随着产生一种冲击脉冲信号，该冲击脉冲信号中不仅包含轴承故障特征频率，也包含轴承原件振动的高频成分。

2.1.2　故障形式

轴承如果长时间工作在超负荷状态下，就会产生疲劳剥落及磨损等现象。在轴承的制作过程中会由于制作工艺的差别产生的缺陷，造成转配过程中的对中偏差大、转子不平衡。轴承的主要故障形式和形成原因如下。

1）疲劳剥落。由于轴承长时间处于超负荷工作环境下，轴承滚动体会交替进入和退出承载区域，这就造成了轴承内外圈及滚动体产生疲劳裂纹，由于无法观察轴承内部，如果产生疲劳裂纹后轴承继续工作，就会使裂纹不断扩展，最后扩展到接触表面并在表层产生点状剥落，逐渐发展使得轴承表面发生严重剥落，导致疲劳剥落。

2）磨损。轴承的长时间运转会使轴承的内外圈与滚动体之间发生摩擦，这种摩擦会使得轴承内外圈之间的间隙越来越明显，产生的振动越来越大。

3）断裂。轴承长时间处于超负荷工作环境下，以及由于摩擦过度产生大量振动时，内外圈的受损位置会在滚动体的不断冲击下不断变大，直至轴承断裂。

4）锈蚀。轴承长时间处于潮湿环境下工作时，或者与水分及一些酸、碱性物质发生接触时，会引起轴承的锈蚀。

5）擦伤。当轴承处于工作环境下时，由于外部硬性颗粒的进入及润滑不当等原因，会使得轴承内外圈滚道与滚动体的接触力不均匀。轴承制作时由于工艺的粗糙也会使得内部受力不均匀，进而发生摩擦产生大量热量，严重时会造成内部金属严重熔化，使得造成大量擦伤。

2.1.3　特征频率

表 2.1 给出了不同故障部位的轴承故障特征频率计算公式。

表 2.1　不同故障部位的轴承故障特征频率计算公式

损伤部位	计算公式（故障特征频率）
外圈	$f_o=\frac{nz}{2}\left(1-\frac{d}{D}\cos\alpha\right)$
内圈	$f_i=\frac{nz}{2}\left(1+\frac{d}{D}\cos\alpha\right)$
滚动体	$f_b=\frac{D}{2d}\left(1-\frac{d^2}{D^2}\cos^2\alpha\right)$
保持架	$f_c=\frac{n}{2}\left(1-\frac{d}{D}\cos\alpha\right)$

注：n 为轴频；z 为滚动体数目；d 为滚动体直径；D 为节圆直径；α 为接触角。

通过上述描述可以看出，每一种轴承故障都有特征频率，这一特征频率可以具体显示到频谱中。在显示的频谱中，可以将整个频带划分为若干子频段，这样就将轴承故障对应的特征频率划分到一个特定的频段内，从而使得该频段具有明显的轴承故障特征。因此，这种划分频段的方法能够更加直观地显示出轴承故障的特征频率，从而准确提取出轴承故障特征。轴承故障特征是轴承故障特征频率的一种直观表现。

2.2　齿 轮 故 障

2.2.1　故障形式

齿轮是旋转机械常用的零部件，结构如图 2.2 所示，参数如表 2.2 所示[8]。

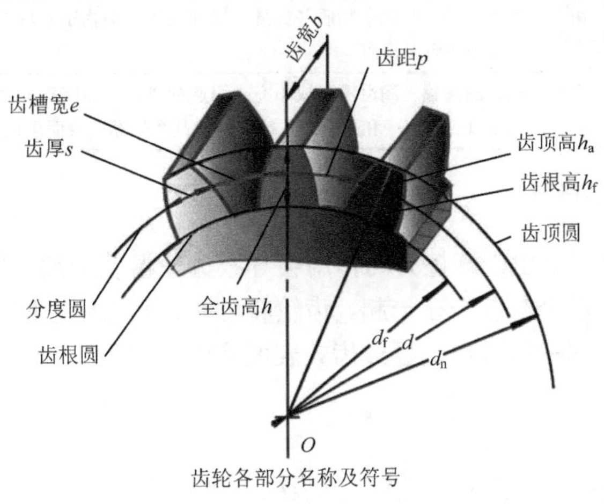

图 2.2　齿轮结构

表 2.2　齿轮参数

名称	参数	名称	参数
齿顶高	h_a	齿厚	s
齿根高	h_f	齿宽	b
全齿高	h	分度圆直径	d
齿根圆直径	d_f	齿顶圆直径	d_a
齿距	p	齿槽宽	e

齿轮在运转过程中，加工工艺偏差及在使用过程中的自身振动与冲击都会导致齿轮故障。齿轮故障的常见类型有齿轮断裂、齿面磨损、齿面胶合和擦伤及疲劳点蚀等[9-11]。

1. 齿轮断裂

当齿轮和齿轮之间啮合时，主动轮的旋转带动从动轮的旋转，这是通过齿轮之间的啮合点实现的。一个齿轮的齿顶部作用于另一个齿轮的齿根部，当受到载荷作用时，最危险的地方位于轮齿的齿根部。当突然过载、重复受载或是冲击过载时，轮齿的齿根部易断裂，这种现象称为齿轮断裂。

2. 齿面磨损

齿轮在运行过程中，常会与其他齿轮相接触，在运行过程中由于受外力的作用，两者之间会产生摩擦，当摩擦达到一定程度时会使齿轮表面变得粗糙。此时两齿轮的尺度就会变得不同，其啮合程度减弱，影响旋转机械的正常运行。表 2.3 给出了齿面磨损的故障形式及其成因。

表 2.3　齿面磨损的故障形式及其成因

故障形式	成因
磨粒磨损或划痕	当润滑油不洁，含有杂质颗粒，或在开式齿轮传动中有外来砂粒，或在摩擦过程中产生金属磨屑，都可以产生磨粒磨损或划痕
腐蚀磨损	由于润滑油中的一些化学物质（如酸、碱或水等污染物质）与齿面会发生化学反应，造成金属腐蚀而导致齿面损伤
烧蚀	由于过载、超高载、润滑不当或不充分引起的齿面剧烈磨损，由磨损引起局部高温，这种温度升高足以引起色变和过时效，或使钢的几微米厚度表面层重新淬火，出现白色

3. 齿面胶合和擦伤

齿轮在高速运行时，由于摩擦力的作用会导致齿轮温度变高，当温度达到一定程度时会导致两齿轮接触的金属胶合在一起。齿轮转动时，两齿轮之间由于相互作用力，会使其中一齿轮上的金属材料脱离，导致齿轮表面变得不平滑。

4. 疲劳点蚀

齿轮在运行时会导致齿轮表面产生小的裂纹，随着裂纹程度的加深，会导致齿轮的疲劳点蚀，其厚度也随之发生变化。当齿轮变得较薄时，受外界作用力时容易导致齿轮断裂。

以上四种齿轮的故障形式只是一个粗略的概述，由于这些故障的出现，导致整个齿轮系统发生故障，甚至使整个机械设备都停止运行。据国外学者的研究统计，这四种故障在齿轮故障中所占的比例如表 2.4 所示[12]。

表 2.4　齿轮故障的主要形式及其在齿轮故障中所占的比例

齿轮故障类型	齿轮断裂	疲劳点蚀	齿面磨损	齿面胶合和擦伤	其他
占比/%	41	31	10	10	8

2.2.2　振动特点

引起齿轮振动的原因有两部分，一部分来自齿轮本身，此部分的振动与故障无关；另一部分则源于外界的干扰，这一部分与齿轮的故障有关。与振动有关的一些特征频率如下[13]。

1）转动频率 f_r 及其谐频 $mf_r(m=2,3,\cdots)$。如果齿轮的齿发生断裂，齿轮每转一圈，在断裂处则会出现一次冲击。将此冲击信号进行 Fourier 展开，从展开的形式可以看出它的频率成分是轴的转动频率及各谐波。

2）啮合频率 f_M 及其谐频 $mf_M(m=2,3,\cdots)$。齿轮的啮合频率一般随转速的变化而变化，同样对其振动信号进行展开，发现其频率成分为其啮合频率和谐波；同时，发现当啮合频率或者其谐波频率接近于齿轮的某阶固有频率时，齿轮会产生比较强的振动。

3）齿轮的冲击响应振动。此部分的振动是由齿轮的故障引起的。此衰减振动的频率与齿轮振动频率 f_G 相等，振动的程度则与故障的程度有关。

齿轮故障中还存在调制的情形[14-16]，具体如下。

1. 幅值调制

可以从不同的角度对幅度调制进行解释。从公式上看，调幅信号是两时域信号的乘积；但是从频域上看，调幅信号是时域两信号进行卷积的结果。我们所研究的齿轮信号，其啮合频率一般比较高，称其为载波信号。观测调幅信号的频谱可以看出，它是以载波为中心的，其边频带是谐波调制的结果。

2. 频率调制

频率调制即载波信号受到调制信号的调制作用后形成变频信号。齿轮故障缺陷造成的齿面载荷波动，在产生幅值调制的同时，还会造成扭矩波动，导致角速度变化而形成频率调制。频率调制与幅值调制在定义上有一定差别，与幅值调制相比更为复杂。频率调制不仅与调制指数有关，还与边频带有关。设代表齿轮啮合频率的载波信号为 $A\sin(2\pi f_M t+\varphi)$，设代表齿轮转动频率的调制信号为 $\beta\sin(2\pi f_r t)$，则频率调制可表示为

$$f(t)=A\sin(2\pi f_M t+\varphi)+\beta\sin(2\pi f_r t) \tag{2-1}$$

式中，f_M 为载波频率；f_r 为调制频率；φ 为初相角。

分析式（2-1）的各成分可知，经过调频之后，信号以 f_M 为中心，以 f_r 为间隔产生

了很多的边频带，进而说明边频带的大小及间隔是观测故障特征的主要方面。

当齿轮发生故障时，其产生的振动故障信号为调幅调频信号，此调幅调频信号的载波频率是齿轮的啮合频率，调制频率为所在轴的转频，调制频率还可以是轴的高次倍频成分。齿轮故障模型为

$$y(t)=\sum_{m=1}^{M-1}X_m[1+d_m(t)]\cos[2\pi mzf_r t+\phi_m+b_m(t)] \tag{2-2}$$

式中，X_m 为谐波幅值；$d_m(t)$ 为幅值调制函数；f_r 为齿轮轴转频函数；z 为齿轮齿数；ϕ_m 为谐波相位；$b_m(t)$ 为相位调制函数。

上述两频率之间有一定的数量关系，即

$$f_M = zf_r \tag{2-3}$$

2.3 转子不对中故障

2.3.1 故障形式

旋转机械设备一般需要多个转子，各转子之间由轴连接，在轴的带动下，旋转机械可以正常工作。但是，转子在运行过程中由于在制造过程中的误差或在运行中发生故障，会导致各转子之间不对中，导致旋转机械发生故障[17-18]。

不对中的形式不止一种，而平时人们常说的为联轴器不对中[19]。转子与转子之间一般用联轴器相连，当相连的联轴器不在一条直线上时，即称这种现象为不对中。转子不对中的类型有很多种，如图 2.3 所示。

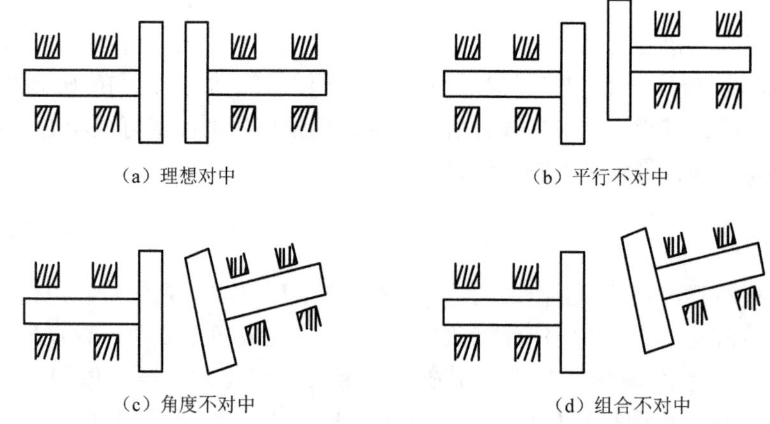

图 2.3 转子不对中的类型

以平行不对中为例，对旋转机械不对中情形下的受力情况进行简单介绍。图 2.4 为当发生平行不对中情况时联轴节的受力情况。分析其受力情况，有利于对其故障进行进一步的了解。图 2.4 中，O_1、O_2 为旋转的中心点，e 为偏移距离，P 为连接螺栓在结合处的某一点，ω 为轴旋转角速度，ωt 为 P 点运行过程中发生的转角。

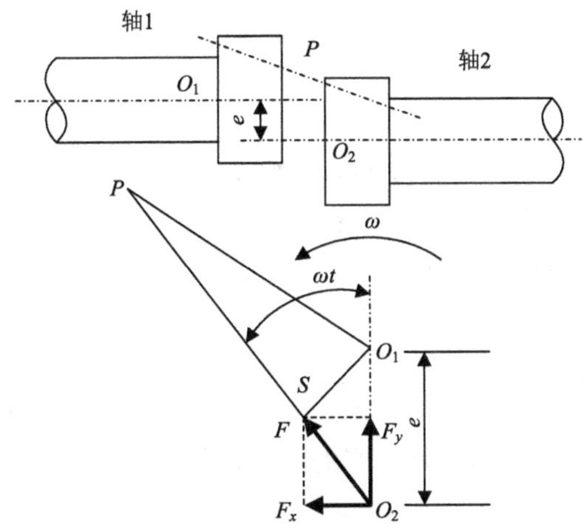

图 2.4　联轴节不对中故障受力分析

把上述装置假设为两个螺钉，当转子发生不对中时相当于此时的螺钉被拉紧，螺孔的两旋转半径承受的作用力不同，其中一个是拉伸状态，另一个则为压缩状态。在旋转过程中，每转半圈，螺孔就会出现一次压缩状态和一次拉伸状态；当旋转一圈时，这两种状态会交替出现两次，此时在其径向上会出现二倍频（2X）的振动。

两半联轴节旋转时，在螺栓力作用下出现把偏移的两轴中心拉到一起的趋势。对于某个螺栓上的 P 点，因为旋转半径 $PO_2>PO_1$，螺栓上的拉力使轴 1 半联轴节旋转半径 PO_1 的金属纤维受压缩，而轴 2 半联轴节旋转半径 PO_2 的金属纤维则受拉伸。

2.3.2　振动特点

单一的平行不对中故障所产生的径向振动频率为转子工频的两倍。由于附加弯矩作用，单一的偏角不对中故障会产生轴向振动，其振动频率与转子工频相同。实践中，很少有单一的平行不对中或偏角不对中现象出现。通常是以上两者同时存在的平行偏角综合不对中故障，即偏角位移和各转子轴线之内径向位移同时存在。因此，当转子旋转时，会有频率为两倍工频的附加径向力作用于靠近联轴器的径向轴承上，同时还存在一个工频的附加轴向力作用于止推轴承上。因而，激励转子将会产生二倍频的径向振动，支承将产生一倍频的轴向振动。图 2.5 所示为从垂直方向上测试信号的阶比分析。

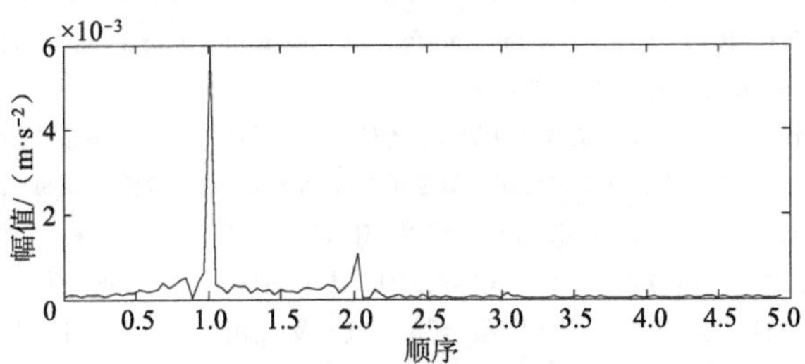

图 2.5　从垂直方向上测试信号的阶比分析

从图 2.5 可以看出信号，在一倍频和二倍频处出现明显的波动，其他倍频成分则几乎没有。此现象表明，当机械设备存在不对中故障时，二倍频成分就是其故障的痕迹。

2.3.3 振动形态特征

不对中故障不仅会给旋转机械带来很大的危害，而且还会影响到机械其他部位的运行情况，会导致其他零部件的损坏。因此，有必要了解引起不对中的原因并从源头对其进行处理，以达到损失最小化。常见的不对中的原因如下[20]。

1）零部件在制造时不精良，存在偏差。

2）机械在振动时会引起转子晃动，引起偏差。

3）机械在运行过程中由于摩擦作用会致使机械器材发生变形。

4）机械在安装时没有对其进行很好的牢固，使其发生偏移。

本章小结

故障振动机理与特征分析是旋转机械故障诊断的基础内容。本章对旋转机械运行过程中经常出现的典型故障振动机理及特征进行了分析；论述了故障诊断的分类、成因及振动信号的基本表示方法；通过对不同轴承及齿轮故障振动信号的分析，掌握了典型故障的振动特征，为后续分析轴承及齿轮模拟故障实验中的典型故障提供了理论依据。

参考文献

[1] 曹书峰. 基于啮合振动的齿轮传动系统转速估计及其应用研究[D]. 苏州：苏州大学，2013.

[2] 张应红，李聪. 基于人工神经网络技术的矿用皮带机轴承故障诊断[J]. 机床与液压，2014，39(1)：180-183.

[3] 欧阳红. 多变量预测模型在轴承故障诊断中的应用研究[D]. 长沙：湖南大学，2014.

[4] 钟秉林，黄仁. 机械故障诊断学[M]. 北京：机械工业出版社，1997.

[5] 沈水福，高大勇. 设备故障诊断技术[M]. 北京：科学出版社，1997.

[6] 张来斌，王朝晖，张喜廷，等. 机械设备故障诊断技术及方法[M]. 北京：石油工业出版社，2000.

[7] 赵晓玲. 滚动轴承故障振动检测方法[J]. 重庆科技学院学报，2007(3)：41-44.

[8] 刘小峰. 振动信号非平稳特征的深层提取技术及远程诊断服务系统的研究[D]. 重庆：重庆大学，2007.

[9] 杨国安. 齿轮故障诊断实用技术[M]. 北京：中国石化出版社，2012.

[10] 王春. 基于小波和分形理论的齿轮故障特征提取及噪声的和谐化研究[D]. 重庆：重庆大学，2006.

[11] 徐俊辉. 齿轮传动故障诊断技术的应用[J]. 中国设备工程，2014(2)：62-65.

[12] 陈长征，胡立新，周勃，等. 设备振动分析与故障诊断技术[M]. 北京：科学出版社，2007.

[13] DJUROVIĆ I, STANKOVIĆ L J. XWD-algorithm for the instantaneous frequency estimation revisited: Statistical analysis[J]. Signal Processing, 2014, 94(1): 642-649.

[14] 李辉，郑海起，唐力伟. 瞬时频率估计的齿轮箱升降速信号阶次跟踪[J]. 振动、测试与诊断，2007，27(2)：125-127.

[15] 刘坚，彭富强. 基于线调频小波路径追踪阶比跟踪算法的齿轮箱故障诊断研究[J]. 机械工程学报，2009，45(7)：81-86.

[16] 何正嘉，陈进，王太勇，等. 机械故障诊断理论及应用[M]. 北京：高等教育出版社，2010.

[17] 孙楠楠. 大型旋转机械振动监测与故障诊断知识体系的研究与实现[D]. 重庆：重庆大学，2008.

[18] 闻邦椿，顾家柳，夏松波，等. 高等转子动力学：理论、技术及应用[M]. 北京：机械工业出版社，2010.

[19] 杜晓康. 基于遗传神经网络的烧结抽烟机在线监测智能诊断系统的研制[D]. 重庆：重庆大学，2006.

[20] 郭煜敬. 基于 Internet 的大型旋转机械远程故障诊断平台研究[D]. 重庆：重庆大学，2006.

第 3 章　非平稳信号的时频分析及故障特征提取

旋转机械运行时产生的振动信号包含的频率成分非常复杂，且不同的频率具有不同的时变特性。时频分析方法针对非平稳信号的时变特性，在时间-频率域上对信号进行联合分析，用以描述信号的频率或者频谱含量随时间变化的过程，提供信号的局部时频特征。因此，时频分析方法可作为旋转机械故障特征提取的一个有效工具。常用的时频分析方法包括 STFT、Wigner-Ville 分布、小波变换等，这三种方法在故障特征分析中已得到广泛的应用，但同时也存在各自的局限性。小波包变换（wavelet packet transform，WPT）主要针对小波包中没有分解的高频段信号进行再分解，得到的是与采样频率有关而与信号本身频率无关的按尺度平分后的固定频带信号，能够有效解决时间分辨率和频率分辨率之间的矛盾，并同时可以提供非平稳信号时域和频域中的局部化信息，可以在一定程度上弥补上述方法的不足。由于机械设备构成的复杂性，其振动信号一般为多分量信号，要获得其瞬时频率，就需将其分解为单分量信号，而 EMD 是较为有效的一种方法。EMD 根据信号的局部时变特征进行自适应时频分解，具有很好的时频分辨率和良好的时频聚焦性，因此更加适合非平稳、非线性信号的分析。本章介绍了常见的时频分析方法的基本原理。

3.1　时频分析方法理论

3.1.1　基本概念

1. 瞬时频率

频率是描述信号幅度周期变化的物理量，定义为简谐振动在单位时间内通过固定的波数。通过 Fourier 变换计算频率是平稳信号处理中常见的方法，因为其频率是与时间无关的量。在传统的 Fourier 变换中，频率只能用于定义一个完整周期的正弦或者余弦波。非平稳信号的频率是随时间不断变化的，Fourier 变换的定义则失去了物理意义，需要引入另一个概念来描述非平稳信号的频率，即瞬时频率。瞬时频率最早由 Carson 和 Fry 在研究调频信号时分别提出，在 Gabor 提出了解析信号的概念之后，Ville 将二者结合起来，定义了目前被人们普遍接受的实信号的瞬时频率[1]，即实信号对应的解析信号的相位关于时间的导数。

对于一个 $(-\infty,+\infty)$ 范围内的实函数，Hilbert 变换可以定义为

$$H[x(t)] = y(t) = \lim_{\varepsilon\to 0}\left[\int_{-\infty}^{0-\varepsilon}\frac{x(u)}{\pi(t-u)}\mathrm{d}u + \int_{0-\varepsilon}^{\infty}\frac{x(u)}{\pi(t-u)}\mathrm{d}u\right] \tag{3-1}$$

假定 $\int_{-\infty}^{+\infty}[x(t)]^2\mathrm{d}t<\infty$，则式（3-1）可以写为

$$H[x(t)]=y(t)=\frac{1}{\pi}P\int\frac{x(u)}{t-u}\mathrm{d}u \tag{3-2}$$

式中，P 为柯西（Cauchy）主值。

原信号经过 Hilbert 变换后发生了 90° 相移，但是能量保持不变。

解析信号定义是 Hilbert 变换的基础，而 Hilbert 变换是实信号处理通往复信号处理的桥梁，是现代信号处理技术的一个准则[2]。

设 $z(t)$ 为复信号，其实部 $z_{\mathrm{r}}(t)$ 是待分析的实信号 $x(t)$，虚部为 $z_{\mathrm{i}}(t)$，由 $x(t)$ 的 Hilbert 变换求得，$z_{\mathrm{i}}(t)=y(t)=H[x(t)]$，则 $z(t)$ 可表示为

$$z(t)=z_{\mathrm{r}}(t)+\mathrm{j}z_{\mathrm{i}}(t)=A(t)\mathrm{e}^{\mathrm{j}\phi(t)} \tag{3-3}$$

于是信号的幅值 $A(t)$ 和相位 $\phi(t)$ 分别为

$$A(t)=\sqrt{z_{\mathrm{r}}{}^2(t)+z_{\mathrm{j}}{}^2(t)} \tag{3-4}$$

$$\phi(t)=\arctan\frac{z_{\mathrm{r}}}{z_{\mathrm{i}}} \tag{3-5}$$

则瞬时频率的定义为

$$f_{\mathrm{i}}(t)=\frac{1}{2\pi}\phi'(t)=\frac{1}{2\pi}\frac{\mathrm{d}\phi(t)}{\mathrm{d}t} \tag{3-6}$$

瞬时频率是和时间相关的函数且和 Hilbert 变换相联系，与传统 Fourier 变换的全局性不同，瞬时频率包含信号的时变局部信息。

以扫频信号为例，采样频率为 1000Hz，采样时间为 2s，频率变换范围为 0～10Hz。图 3.1 所示为扫频信号的时域及频域波形，从图 3.1（b）中可见，瞬时频率可以很好地表示信号随时间变化的过程。

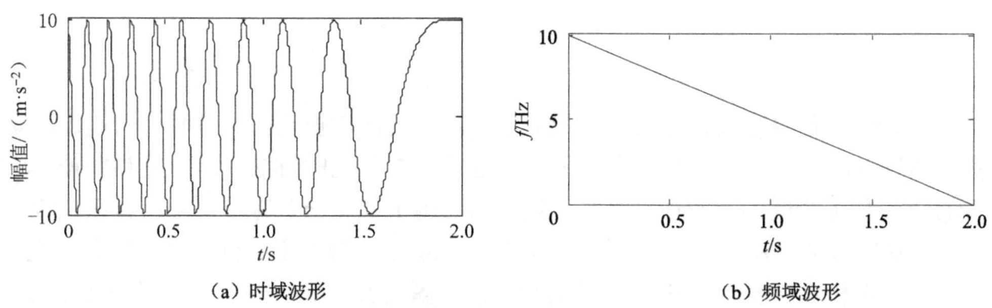

（a）时域波形　　（b）频域波形

图 3.1　扫频信号的时域及频域波形

另外，还可以从时频分布的角度定义瞬时频率，即一个信号在时刻 t_0 的瞬时频率为在该时刻存在频率的加权平均，也称为时频分布的一阶矩。

2. 单分量信号与多分量信号

从物理学的角度看，可以把信号分成单分量和多分量信号两种。前者在任一时刻都

只有一个频率成分，该频率就是信号的瞬时频率；而后者则在一些时刻具有多个不同的频率成分。通过式（3-6）获得瞬时频率是有条件限制的，即只有单分量信号才具有有意义的瞬时频率值。单分量和多分量信号的概念最早由 Cohen 在 1992 年提出，但他并没有给出明确的定义，单分量和多分量信号的判别依据主要是其时频谱的形状。前者在时频谱图上像一座山峰，任一时刻的时频谱上都只有一个峰值，此峰值即是瞬时频率；后者则可能在有些时刻具有多个山峰，不同的山峰具有不同的瞬时频率和瞬时带宽[3]。

在实际应用中，可以依据信号的瞬时带宽判断信号是单分量信号还是多分量信号。若瞬时带宽小于某一指定的窄带信号，则认为其是单分量信号。定义信号为$x(t)=a(t)\cos\phi(t)$，则带宽定义为

$$B=\sigma_{\omega}=\sqrt{(\omega-\overline{\omega})^{2}\,|S(\omega)|^{2}\,\mathrm{d}\omega}=\sqrt{\int\left[\frac{a'(t)}{a(t)}\right]^{2}a^{2}(t)\mathrm{d}t+\int[\phi'(t)-\overline{\omega}]^{2}a^{2}(t)\mathrm{d}t} \tag{3-7}$$

式中，$\overline{\omega}$为平均频率，其值由下式确定：

$$\overline{\omega}=\int\left[\frac{a'(t)}{a(t)}\right]^{2}a^{2}(t)\mathrm{d}t+\int[\phi'(t)a(t)]^{2}\,\mathrm{d}t \tag{3-8}$$

下面以两个仿真信号为例来说明单分量信号和多分量信号。分别构造单分量信号$s_1(t)$与多分量信号$s_2(t)$，表达式如下：

$$s_1(t)=x_1(t)+x_2(t)+x_3(t) \tag{3-9}$$

$$s_2(t)=x_1(t)+x_2(t)+x_3(t) \tag{3-10}$$

式中，$x_1(t)=\sin(2\pi 10t),\ x_2(t)=\sin(2\pi 40t),\ x_3(t)=\sin(2\pi 80t)$。

两个信号均由三个频率成分分别为 10Hz、40Hz 和 80Hz 的正弦波组成，采样频率为 256Hz，信号总长为 1s。这两个信号的不同之处在于三种频率成分持续的时间不同，在单分量信号$s_1(t)$中，三种成分是在 1s 内依次出现，在每一时刻只有一个频率值；而在多分量信号$s_2(t)$中，三种成分同时出现，在每一时刻均有三个频率值。二者的时域波形如图 3.2 所示。

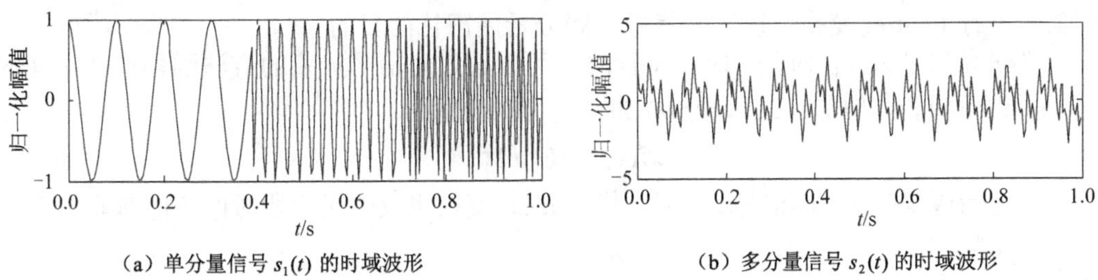

（a）单分量信号$s_1(t)$的时域波形　（b）多分量信号$s_2(t)$的时域波形

图 3.2　单分量信号$s_1(t)$与多分量信号$s_2(t)$的时域波形

进一步，分别对单分量信号$s_1(t)$和多分量信号$s_2(t)$进行 Fourier 频谱分析，其频谱是相同的，如图 3.3 所示。图 3.3（a）和（b）均显示了三种频率成分的存在，但显然此信息是不完整的，因为图中并没有反映出三种频率成分存在的准确时间。图 3.3 说明，Fourier 频谱分析无法区分单分量信号和多分量信号。

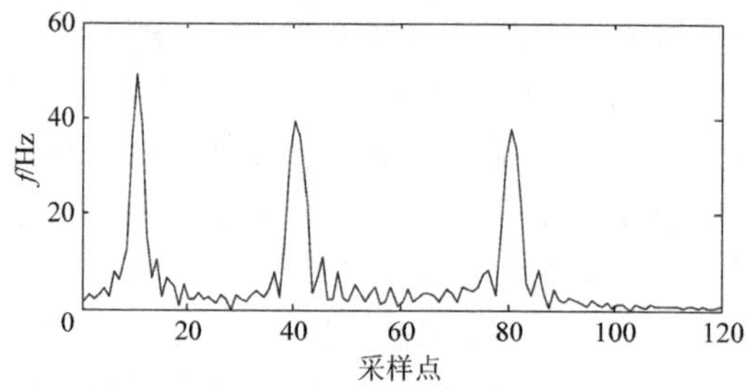

（a）单分量信号 $s_1(t)$ 的频谱分析

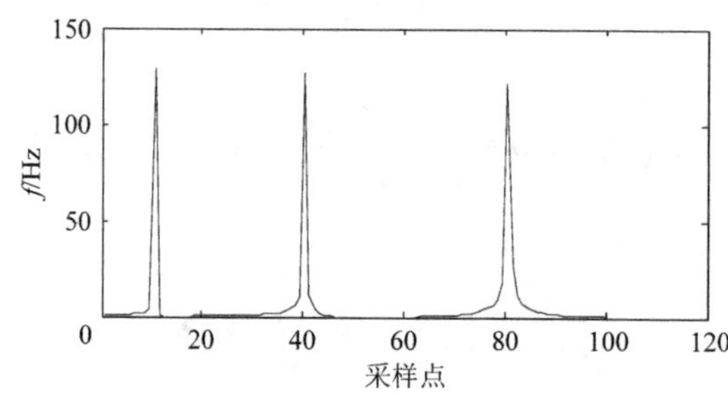

（b）多分量信号 $s_2(t)$ 的频谱分析

图 3.3　单分量信号 $s_1(t)$ 与多分量信号 $s_2(t)$ 的频谱分析

3.1.2　基本方法

1. STFT

1946 年，Gabor 在传统 Fourier 变换的基础上提出了 STFT 的概念[4]。其基本思想是假定非平稳信号的频率在每一小段时间里是近似恒定的，在这一小的时间段里，采用平稳信号的分析方法来对其进行分析。首先，在时间轴上定义一系列的固定宽度时间窗，并使其沿时间轴滑动，即把信号分割成若干长度相同的短时信号；然后，依次对每段短时信号进行 Fourier 变换，以达到信号时频分析局部化的目的。

当研究信号 $x(t)$ 在时刻 t 时的特征时，可以通过对信号加窗的方法强化在此时间的信号，进而减弱其他信号。信号 $x(t)$ 加窗后可以表示为

$$x_t(\tau)=x(\tau)h(\tau-t) \tag{3-11}$$

加窗后围绕时刻 t 的信号会增强，其 Fourier 变换也反映了一段时间内的频率分布情况，定义如下：

$$\begin{aligned}X_t(w)&=\frac{1}{\sqrt{2\pi}}\int \mathrm{e}^{-\mathrm{j}\omega\tau}x_{\mathrm{i}}(\tau)\mathrm{d}\tau\\&=\frac{1}{\sqrt{2\pi}}\int \mathrm{e}^{-\mathrm{j}\omega\tau}x(\tau)h(\tau-t)\mathrm{d}\tau\end{aligned} \tag{3-12}$$

对每一时刻 t 来说，信号在以其为中心的一段时间窗内是近似平稳的。通过滑动时间窗来历经信号存在的每一时刻，进而获得此信号的完整时频分布。STFT 简单、高效，但是其时域分辨率和频域分辨率受海森伯格-加博尔（Heisenberg-Gabor）不确定性原理

的制约。Heisenberg- Gabor 不确定性原理可以简单地表示为

$$TB \geqslant \frac{1}{2} \tag{3-13}$$

式中，T 为信号持续的时间；B 为信号的带宽。

根据 Heisenberg-Gabor 不确定性原理，当采用 Gauss 窗时：

$$h(t) = \pi^{\frac{1}{4}} e^{\frac{t^2}{2}} \tag{3-14}$$

STFT 的时域和频域分辨率相等，以保证二者之积最小，如图 3.4 所示。使用了 Gauss 窗函数的 STFT 称为 Gabor 变换。可见，时间窗的大小决定了 STFT 的时频分辨率，因此对于 STFT 来说，时间窗函数的选取是非常关键的。但是，如何选取窗函数依然缺乏确定的准则；另外，STFT 是利用信号分段的形式来对非平稳信号进行分析的，认为每一段截取的信号是平稳的，从本质上说仍然是基于 Fourier 变换的，因此其只适用于分析缓慢变化的信号。

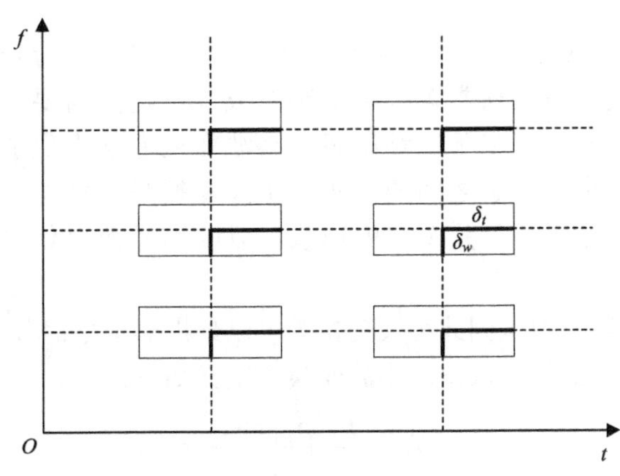

图 3.4　STFT 时频窗

2. Wigner-Ville 分布

Wigner-Ville 分布由美籍匈牙利理论物理学家尤金 • 保罗 • 维格纳（Eugene Paul Wigner）于 1932 年提出，最初将其应用于量子力学领域。Ville 将其推广到信号处理领域。信号在时域和频域的能量可以表示为

$$Ex = \int_{-\infty}^{+\infty} |x(t)|^2 \, dt = \int_{-\infty}^{+\infty} |X(v)|^2 \, dv \tag{3-15}$$

式中，$|x(t)|^2$ 为信号在时域的能量密度；$|X(v)|^2$ 为信号在频域的能量密度。

那么，信号在时频域内的能量可以表示为

$$E_x = \int_{-\infty}^{+\infty}\int_{-\infty}^{+\infty} \rho_x(t,v) dt dv \tag{3-16}$$

式中，$\rho_x(t,v)$ 为信号的联合时间频率密度。

在时频能量分布方法里，Wigner-Ville 分布是重要的用于分析非平稳信号的方法，

从某种程度上缓解了基于 Fourier 变换方法的局限性。同样，在分析前要将测量信号转换为解析信号。一个解析信号的 Wigner-Ville 分布可以定义为

$$\mathrm{WVD}_x(t,\omega)=\frac{1}{2\pi}\int x\left(t-\frac{1}{2}\tau\right)x\left(t+\frac{1}{2}\tau\right)\mathrm{e}^{-\mathrm{j}\omega\tau}\mathrm{d}\tau \tag{3-17}$$

从式（3-17）可见，信号在定义中两次出现，所以 Wigner-Ville 分布是信号的双线性表示。从定义来看，Wigner-Ville 分布没有采用窗函数，因此会避开线性时频中时间分辨率和频率分辨率相互矛盾的问题。时间和带宽的乘积可以达到 Heisenberg-Gabor 不确定性原理的下限，以保证其具有较高的时频分辨率，即具有较高的时频聚集性。Wigner-Ville 分布对单分量信号的分析有着理想的时频分辨率，但对多分量信号的分析则会产生“交叉项”。尽管 Wigner-Ville 分布会受到交叉项的影响，但这种方法在机械设备状态监测与故障诊断中仍应用广泛。

3. 小波变换

由前述分析可知，STFT 方法中窗函数一旦确定，其时频分辨率也就随之固定不变。实际工程中测量的信号通常含有很多频率成分，自然需要窗函数的窗口可以随时间和频率的变换而变化。基于这种思想，小波变换方法出现了，其很好地解决了时间分辨率和频率分辨率二者之间的矛盾。小波变换是一种时频局域化分析方法，其中的窗口大小虽然固定，但是窗口的形状可以随信号而变化，体现了自适应分析的思想。

由于具有可变时频窗口，因此小波变换既可以分析非平稳信号中的短时高频成分，同时也可以分析信号中的低频成分。小波变换的定义如下：

$$\mathrm{WT}(a,b)=\frac{1}{\sqrt{a}}\int_{-\infty}^{+\infty}h\left(\frac{t-b}{a}\right)x(t)\mathrm{d}t \tag{3-18}$$

式中，$x(t)$ 为信号；a 为尺度因子；b 为时移因子；$h(t)$ 则为母小波。

不同的尺度因子和时移因子构成不同的小波基函数：

$$h_{a,b}(t)=\frac{1}{\sqrt{a}}h\left(\frac{t-b}{a}\right) \tag{3-19}$$

式（3-18）又可以按内积形式表示为

$$\mathrm{WT}(a,b)=\int_{-\infty}^{+\infty}x(t)h_{a,b}(t)\mathrm{d}t=\left\langle x(t),h_{a,b}(t)\right\rangle \tag{3-20}$$

数学上，内积表示为两者的相似程度。在式（3-20）中，当增大尺度因子时，意味着是用伸展了的 $h(t)$ 波形去观察整个 $x(t)$；当减小尺度因子时，则意味着是用压缩的波形 $h(t)$ 去观察 $x(t)$ 的局部。

与 STFT 有所不同，窗函数是平移因子 b 和尺度因子 a 的函数。一旦窗口的形状固定，即面积一定，则 $\frac{1}{|a|}$ 越大，时宽越小；反之，$\frac{1}{|a|}$ 越小，时宽越大，如图 3.5 所示。可见，小波变换是局部变化的，在二维窗函数形状固定的情况下，时间因子和尺度因子

会按一定规则变换，解决了 Heisenberg-Gabor 不确定性原理中时间分辨率和频率分辨率之间的矛盾。小波变换在低频段用高的频率分辨率和低的时间分辨率，反之，在高频段则采用低的频率分辨率和高的时间分辨率，这一特点使得小波变换在突变信号处理上具有特殊的地位和作用。在实际应用中，信号一般含有多种频率成分，常常需要对代表某种特殊情况的高频或低频信号进行细致的分析，其他频率分量则可粗略分析。

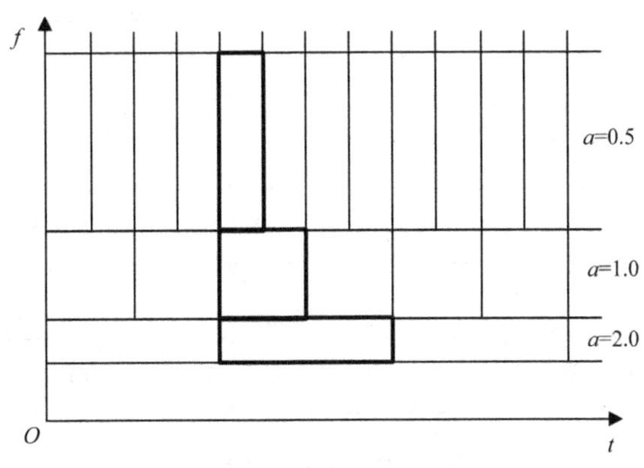

图 3.5　小波变换时频窗

3.2　小波包分析

3.2.1　小波包变换原理与分析

小波包分析继承了小波变换的自适应时频窗，对信号的分析更为细致，进一步分解小波变换中没有细分的高频部分，在全频带内对信号进行多层次的频带划分，提高了信号通频带的频率分辨率[5]。

小波包分析通过正交尺度函数 $\varphi(t)$ 和小波函数 $\psi(t)$ 对信号进行分解，得到信号的低频部分和高频部分，而在序列空间内是通过滤波器 h 和 g 对离散逼近系数的分解来实现的。它们的尺度关系为

$$\varphi(t)=\sqrt{2}\sum_{k}h(k)\varphi(2t-k) \tag{3-21}$$

$$\psi(t)=\sqrt{2}g(k)\varphi(2t-k) \tag{3-22}$$

定义如下递推关系：

$$w_{2n}(t)=\sqrt{2}\sum_{k\in\mathbf{Z}}h(k)w_{2n}(2t-k) \tag{3-23}$$

$$w_{2n+1}(t)=\sqrt{2}\sum_{k\in\mathbf{Z}}g(k)w_{2n}(2t-k) \tag{3-24}$$

式中，n 为示函数的序号，$n=0,1,2,\cdots$，记为$n\in\mathbf{N}$。

当 $n=0,1,2,\cdots$ 时，$w_0(t)=\varphi(t),\ w_1(t)=\psi(t),\cdots$，依此递推，即可得到函数结合 $\{w_n\}_{n\in\mathbf{N}}$。

小波包分解不仅对信号的低频部分进行二次分解，而且还对信号的高频部分进行分解。下面以一个三层的分解树为例说明小波包的概念，如图 3.6 所示。

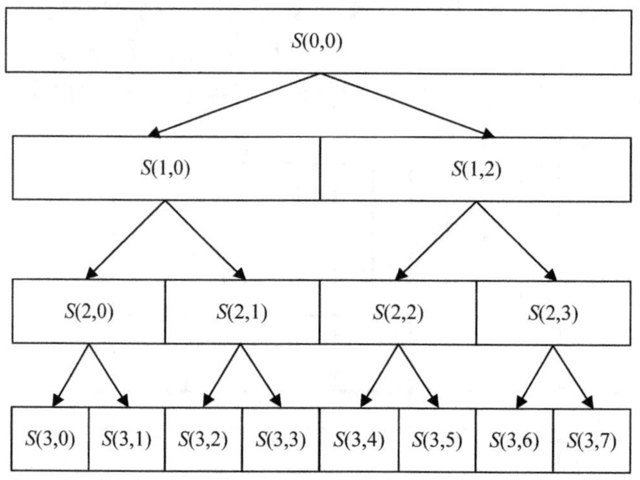

图 3.6　小波包三层分解结构

小波包的分解与重构过程如下。

信号 $f(t)$的正交小波分解的公式为

$$P_{j-1}f(t)=P_jf(t)+D_jf(t) \tag{3-25}$$

$$P_jf(t)=\sum_k x_k^{(j)}\varphi_{jk}(t) \tag{3-26}$$

$$D_jf(t)=\sum_k d_k^{(j)}\psi_{jk}(t) \tag{3-27}$$

式中，系数 $x_k^{(j)}$ 和 $d_k^{(j)}$ 的递归公式为

$$\begin{cases} x_k^{(j)}=\sum_n h_{0(2n-k)}x_n^{j-1} \\ d_k^{(j)}=\sum_n h_{1(2n-k)}d_n^{j-1} \end{cases} \tag{3-28}$$

正交小波的重构公式为

$$\begin{aligned} x_n^{(j)} &= \sum_k h_{0(n-2k)}x_k^{j+1}+\sum_k h_{1(n-2k)}d_k^{j+1} \\ &= \sum_k g_{0(n-2k)}x_k^{j+1}+\sum_k g_{1(n-2k)}d_k^{j+1} \end{aligned} \tag{3-29}$$

设

$$G_j^nf(t)\in U_j^n \tag{3-30}$$

$$G_j^nf(t)=\sum_l d_l^{j,n}\frac{1}{2^j}w_n(2^{-j}t-l) \tag{3-31}$$

$$G_j^nf(t)=G_{j+1}^{2n}f(t)+G_{j+1}^{2n+1}f(t) \tag{3-32}$$

有小波包系数的递推公式：

$$\begin{cases} d_k^{j+1,2n} = \sum_l h_{0(2l-k)} d_l^{j,n} \\ d_k^{j+1,2n+1} = \sum_l h_{1(2l-k)} d_l^{j,n} \end{cases} \tag{3-33}$$

因此，得到小波包的重建公式为

$$\begin{aligned} d_l^{j,n} &= \sum_k \left[h_{0(l-2k)} d_k^{j+1,2n} + h_{1(l-2k)} d_k^{j+1,2n+1} \right] \\ &= \sum_k g_{0(l-2k)} d_k^{j+1,2n} + \sum_k g_{1(l-2k)} d_k^{j+1,2n+1} \end{aligned} \tag{3-34}$$

3.2.2　小波包频带能量分解原理

按照能量方式表示的小波包分解结果称为小波包能量表示[6]。在小波变换中，原始信号 $f(x)$ 在 $L^2(R)$ 上的 2 范数定义为

$$\| f \|_2^2 = \int_R f^2 \mathrm{d}x \tag{3-35}$$

因此，小波变换中信号的 2 范数的平方等价于原始信号在时域上的能量。如果小波包是一个允许小波，则存在

$$\| f \|_2^2 = \int_R \left| \frac{W_f(a,b)}{a} \right|^2 \mathrm{d}b(t) \tag{3-36}$$

由式（3-36）可以看出，小波变换的能量与原始信号的能量之间存在等价关系，这样用小波包能量谱来表示原始信号中的能量分布就有了科学依据。在小波包能量谱中，可以选取各个子空间（频带）内信号的平方和作为能量的标志。对于子空间的小波包变换结果用序列 $\{W_i(k) | k = 1, 2, \cdots, m\}$ 表示，其中 m 为该子空间的样本长度，则 $W_i(k)$ 的能量定义为

$$P_i = \sum_{k=1}^{m} \left| W_i(k) \right|^2 \tag{3-37}$$

由于系统出现故障时会对各频带内信号能量有较大的影响，不同的故障对各频带内信号能量的影响也不相同，根据不同频段内能量的分布情况可以诊断出发生故障的类型，因此可以将故障信号进行小波包分解后计算出的各频带能量分布特征作为故障特征提取。

3.3　自适应分析

瞬时频率的定义只适用于单分量信号，即信号关于信号零均值局部对称且过零点与极点数相同，而工程中的信号多为多分量信号，有必要通过适当方法将多分量信号分解为若干单分量信号。针对这一需求，Huang 等于 1998 年提出了自适应的信号分解方法 HHT。HHT 方法包含两个步骤：第一步是利用 EMD 方法把信号分解成一系列内禀模态函数（intrinsic mode function，IMF）之和；第二步是对所获得的若干个 IMF 进行 Hilbert 变换来分别计算有意义的瞬时频率，从而获得频率随时间变化的情况。信号由在时频平面上的能量分布表达，称为 Hilbert 谱。

3.3.1　EMD 方法

3.3.1.1　IMF

EMD 可以把非平稳、非线性信号自适应地分解成一系列代表信号波动模式的固有模态函数的 IMF 分量，确保每个 IMF 是单分量的调幅或调频信号。每个固有模态函数均表示信号的一个内在特征振动形式，必须要满足下述条件。

1）对于信号的任意一点，由局部极大值点构成的包络线和由局部极小值点构成的包络线的平均值为零，即信号的上、下两条包络线关于时间轴局部对称。

2）整个信号中的零点和极点轮流出现，即零点数与极点数相等或至多相差 1。

一个典型的 IMF 如图 3.7 所示。

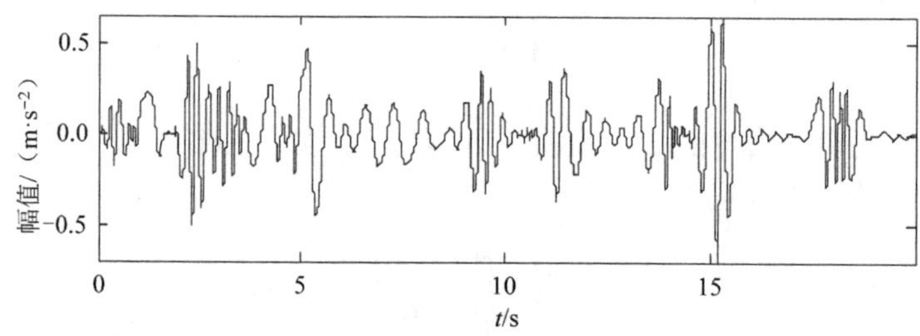

图 3.7　典型的 IMF

借助 EMD 可以很容易地把复合信号分解成若干个 IMF。其具体步骤如下：对于给定的实信号 $s(t)$，首先计算出 $s(t)$ 上的所有极大值点和极小值点，将极大值点用一条光滑的曲线连接起来，同样将极小值点也用一条光滑的曲线连接起来，使得这两条曲线之间包络所有的信号；然后，分别将此两条曲线作为信号 $s(t)$ 的上包络线和下包络线，求得其均值曲线 $m_1(t)$，用 $s(t)$ 减去 $m_1(t)$，得

$$h_1(t) = s(t) - m_1(t) \tag{3-38}$$

图 3.8（a）所示的曲线是原始信号，图 3.8（b）所示的三条曲线分别是上包络线、下包络线和包络均值曲线，图 3.8（c）所示的曲线是原始信号减去包络均值曲线后的结果 $h_1(t)$。在理想情况下，$h_1(t)$ 应该是一个 IMF 分量。但是在筛选过程中，信号斜坡上的一个微小凸包都有可能变成新的极值点，这些新的极值点恰好是上一次筛选过程中遗漏的[7]，因此需要通过多次筛选来恢复全部的低幅值叠加波。

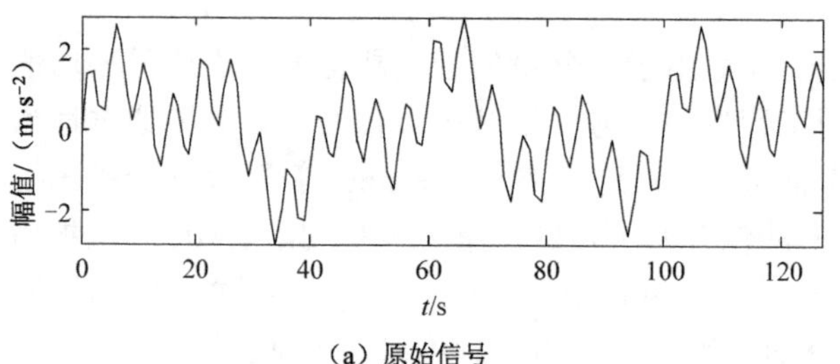

（a）原始信号

图 3.8　EMD 分解过程

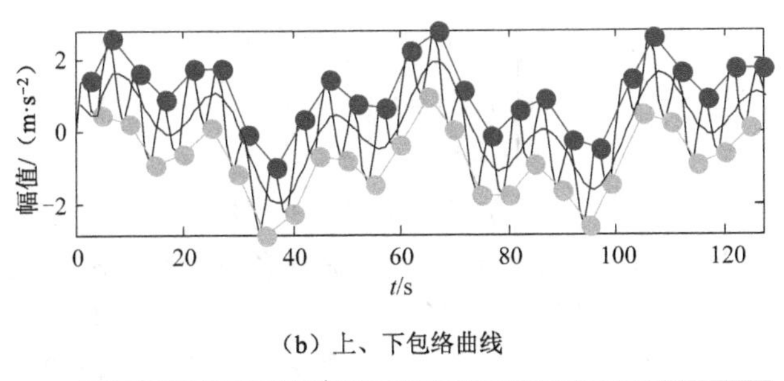

（b）上、下包络曲线

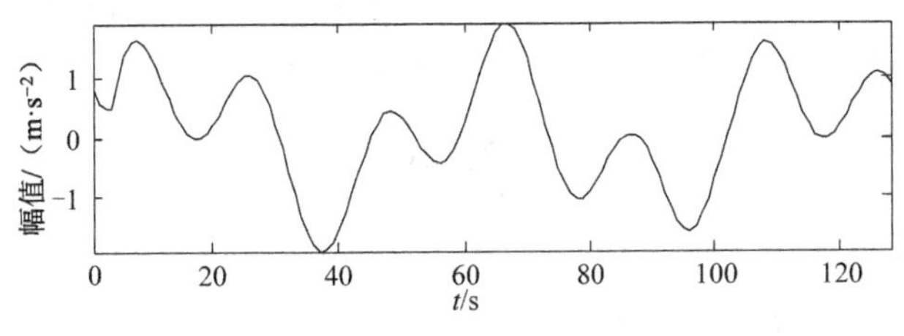

（c）包络平均线

图 3.8（续）

将 $h_1(t)$ 作为新的原信号，重复以上步骤，得

$$h_{1,1}(t) = h_1(t) - m_{1,1}(t) \tag{3-39}$$

反复筛选 k 次，直到 $h_{1,k}(t)$ 变为一个 IMF，即

$$h_{1,k}(t) = h_{1,k-1}(t) - m_{1,k}(t) \tag{3-40}$$

因此，从原始信号中分解出了第一个 IMF，称为第一阶 IMF，记作

$$c_1(t) = h_{1,k}(t) \tag{3-41}$$

筛选过程只是考虑了信号的时间尺度特征，逐步筛选出信号中最精细的局部模态。其目的在于消除模态波形的叠加效应，使波形轮廓更加对称。对筛选的次数必须要进行限定，以保证获得的 IMF 分量是有意义的调频调幅信号。Huang 等提出了筛选过程的两个终止准则，一是仿 Cauchy 收敛准则[7]，这种方法通过限制两个连续的处理结果之间的标准差 S_d 的大小来实现终止。S_d 定义为

$$S_{d^2} = \sum_{t=0}^{T} \frac{|h_{1(k-1)}(t) - h_{1k}(t)|^2}{h_{1k}^2(t)} \tag{3-42}$$

式中，T 为信号的时间跨度；$h_{1(k-1)}(t)$ 和 $h_{1k}(t)$ 为在筛选过程中两个连续的处理结果的时间序列；S_d 通常取值为 0.2～0.3。

第二个终止准则较简单，只要当波形的极值点数目和过零点数目相同，筛选过程即可终止[7]。

总地来说，$c_1(t)$ 中应包含信号中波动最快，即频率最高的分量，称为第一阶 IMF 分量。从原信号中减去 $c_1(t)$，获得第一阶残余分量 $r_1(t)$，即

$$r_1(t) = x(t) - c_1(t) \tag{3-43}$$

在第一阶残余分量 $r_1(t)$ 中含有更长周期的分量，因此把 $r_1(t)$ 作为新的原信号并重复以上过程。对以后的残余分量也要同样进行筛选，依次获得第二阶 IMF 分量，第三阶 IMF 分量，…，第 N 阶残余分量，如下：

$$\begin{cases} r_2(t) = r_1(t) - c_2(t) \\ r_3(t) = r_2(t) - c_3(t) \\ \quad\vdots \\ r_n(t) = r_{n-1}(t) - c_n(t) \end{cases} \tag{3-44}$$

分解过程的终止准则也有两个：第一种情况是当第 n 阶 IMF 分量 $c_n(t)$ 或第 n 阶残余分量 $r_n(t)$ 足够小时；第二种情况是当第 n 阶残余分量 $r_n(t)$ 变成一个单调递增或递减函数，导致不能再从中获取 IMF 分量时，此时的 $r_n(t)$ 代表原信号的趋势项信息。

综上所述，得到了 N 个 IMF 分量和一个残余量信息，即

$$x(t) = \sum_{n=1}^{N}[c_n(t) + r_n(t)] \tag{3-45}$$

EMD 分解流程如图 3.9 所示。

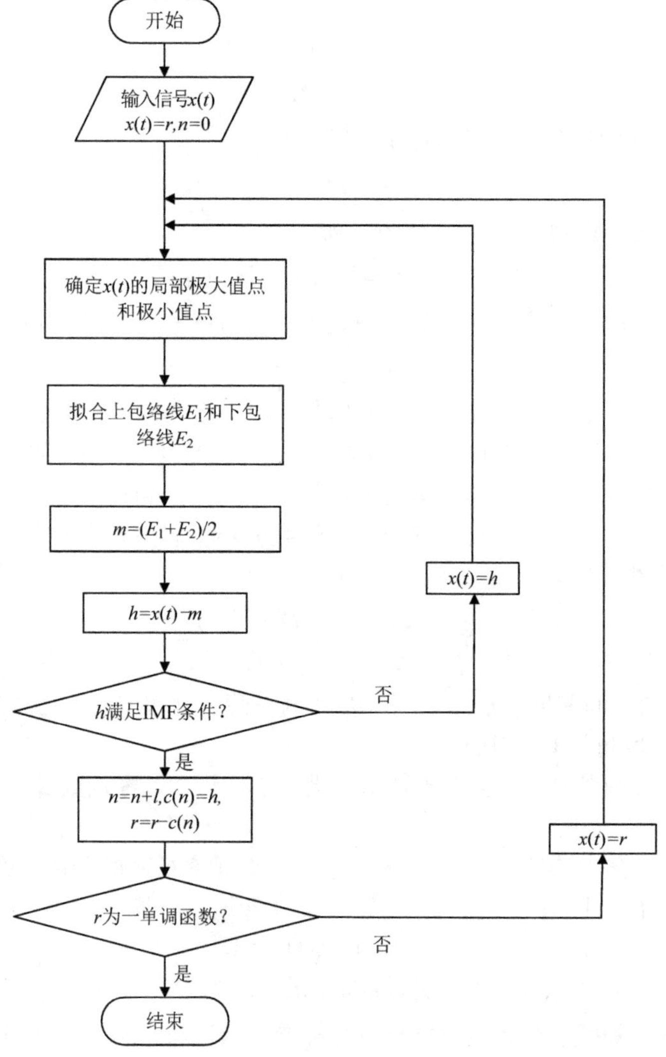

图 3.9　EMD 分解流程

由图 3.9 可以看出，EMD 分解的实质是对一个信号依次进行平稳化处理，根据信号的不同时间尺度逐层将信号中的 IMF 分量提取出来，先将信号中最小时间尺度的 IMF 分量分离出来，然后分离具有较大时间尺度的 IMF 分量，依此类推，最后分离出具有最大时间尺度的 IMF 分量，从而获得一系列具有不同特征尺度的平稳窄带信号。整个分解过程是完全自适应的，能够根据原始信号的波动而变化，并且多次用 EMD 方法得到的信号分解结果基本相同。

构造仿真信号 $S_3(t)$，表达式为

$$S_3(t)=\sum_{i=1}^{3}A_i\sin 2\pi f_i t \tag{3-46}$$

式中，$f_1=0.02\text{Hz}$，$f_2=0.05\text{Hz}$，$f_3=0.2\text{Hz}$，$A_1=A_2=A_3=1$。

式（3-46）的采样频率为 1Hz，采样点数为 256。

仿真信号 $S_3(t)$ 的时域波形如图 3.10 所示。

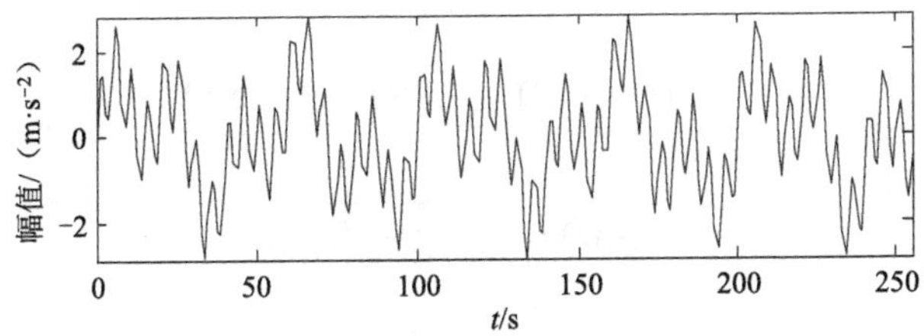

图 3.10　仿真信号 $S_3(t)$ 的时域波形

仿真信号 $S_3(t)$ 的 EMD 分解结果如图 3.11 所示。

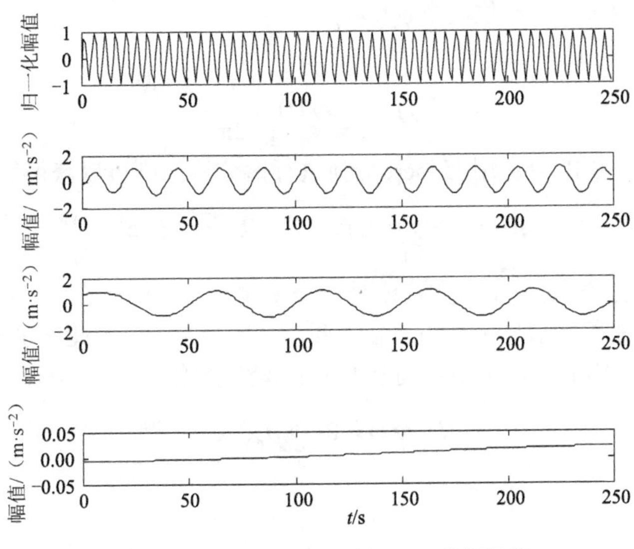

图 3.11　仿真信号 $S_3(t)$ 的 EMD 分解结果

经过 EMD 分解，三个不同频率的正弦信号可以被有效地被分离出来。由于分解过程完全依据信号本身的时间尺度特征进行，因此其是自适应的。

3.3.1.2　Hilbert 谱和边际谱

1. Hilbert 谱

瞬时频率可以准确描述频率的变化情况，为某些具有间歇性频率、调频或具有冲击性频率等成分的信号分析提供了基础方法。

信号经 Hilbert 变换后虽然可以得到瞬时频率，但由前面的分析可知，瞬时频率的定义只对单分量信号有意义；对于多分量信号来说，瞬时频率就失去了真实性。任一信号 $x(t)$ 经过 EMD 分解后得到的若干 IMF 分量，就是理论意义上的单分量信号。信号经过 EMD 分解后，可以分别对每一阶 IMF 分量用 Hilbert 变换进行谱分析。每个 IMF $c_i(t)$ 的 Hilbert 变换为

$$H_i(t)=\frac{1}{\pi}\int\frac{c_i(t)}{t-\tau}\mathrm{d}\tau \tag{3-47}$$

构造解析信号：

$$z_i(t)=c_i(t)+\mathrm{j}H_i(t)=a_i(t)\mathrm{e}^{\mathrm{j}\varphi_i(t)} \tag{3-48}$$

则幅值函数为

$$a_i(t)=\sqrt{c_i^{\ 2}(t)+H_i^{\ 2}(t)} \tag{3-49}$$

相位函数为

$$\varphi_i(t)=\arctan\frac{H_i(t)}{c_i(t)} \tag{3-50}$$

这种表达方式的优点在于可唯一地确定真正随时间变化的变量，这种变量既可以是幅值函数 $a_i(t)$，也可以是相位函数 $\varphi_i(t)$。

由式（3-50）得到瞬时频率：

$$f_i(t)=\frac{1}{2\pi}\omega_i(t)=\frac{1}{2\pi}\frac{\mathrm{d}\varphi_i(t)}{\mathrm{d}t} \tag{3-51}$$

分别对每一阶 IMF 分量用 Hilbert 变换进行谱分析，则可以获得信号的瞬时频率：

$$s(t)=\mathrm{Re}\sum_{n=1}^{N}a_n(t)\mathrm{e}^{\mathrm{j}\varphi_n(t)}=\mathrm{Re}\sum_{n=1}^{N}a_n(t)\mathrm{e}^{\mathrm{j}\int\omega_n(t)\mathrm{d}t} \tag{3-52}$$

由于残余分量 $r(t)$ 是一个常数，或是一个单调函数，因此在式（3-52）中被省略，Re 表示取实部。考虑到信号包含的信息主要在高频分量中，因此做了省略 $r(t)$ 处理。称式（3-52）右侧为 Hilbert 时频谱，简称 Hilbert 谱，记作

$$H(\omega,t)=\mathrm{Re}\sum_{n=1}^{N}a_n(t)\mathrm{e}^{\mathrm{j}\int\omega_n(t)\mathrm{d}t} \tag{3-53}$$

2. 边际谱

边际谱定义为

$$h(\omega)=\int_0^T H(\omega,t)\mathrm{d}t \tag{3-54}$$

式中，T 为信号持续的时间。

边际谱定义了每个频率值对总幅值贡献的度量。从定义上看，边际谱是频率和时间的函数，边际谱在时间轴上的积分表示信号在整个时间长度内累积的振幅。与基于Fourier 变换的频谱相比，二者虽然表示形式相似，但物理意义截然不同。如果某一频率成分出现在 Fourier 频谱中，就说明此频率成分在整个信号持续时间内一直存在；若出现在 Hilbert 边际谱中，则说明此频率成分在整个信号持续时间内出现的可能性很高，幅值较大。所以，Hilbert 边际谱从某种程度上说具有概率统计意义。对 3.1.1 节中构造的多分量信号 $s_2(t)$ 进行 EMD 分解，其 Hilbert 谱如图 3.12 所示，边际谱如图 3.13 所示。

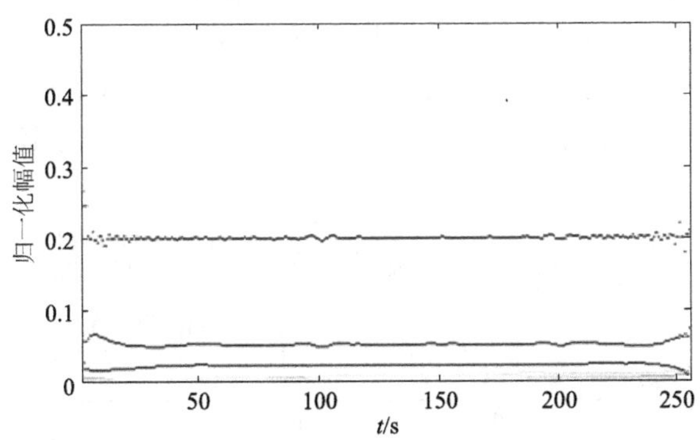

图 3.12　多分量信号 $s_2(t)$ 的 Hilbert 谱

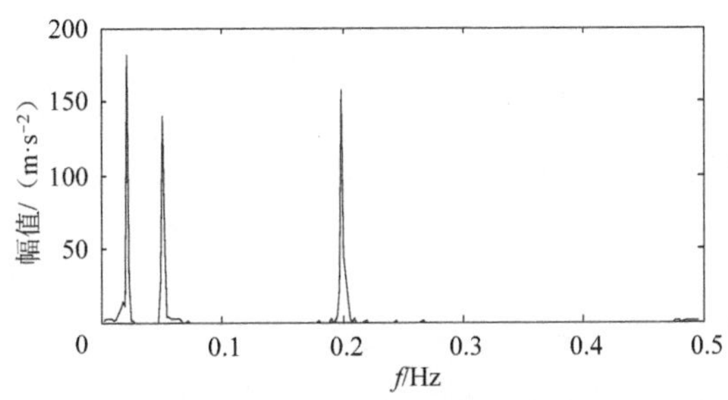

图 3.13　多分量信号 $s_2(t)$ 的边际谱

3.3.1.3　HHT 与传统时频分析方法的比较研究

由前述分析可知，Fourier 频谱分析对于多分量信号的分析是无效的。下面利用 EMD 分解对 3.1.1 节中构造的单分量信号 $s_1(t)$ 进行时频分析，其 Hilbert 时频谱如图 3.14 所示。

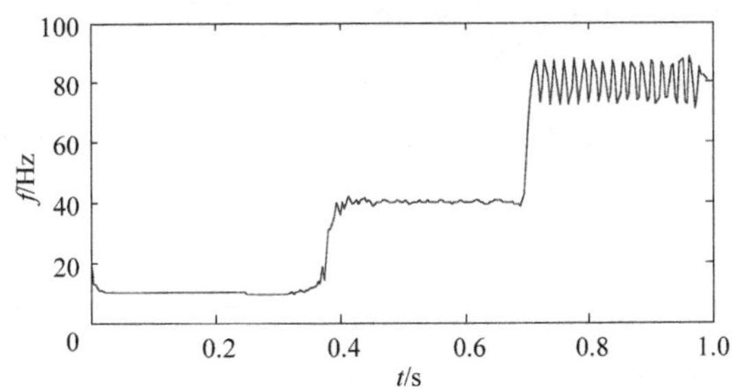

图 3.14　单分量信号 $s_1(t)$ 的 Hilbert 时频谱

在旋转机械运行过程中，很多故障会产生冲击信号，所以对于这种暂态信号的分析显得尤为重要。构造仿真信号 $s_4(t)$ ，在单分量信号 $s_1(t)$ 的基础上加入一个冲击信号成分 $x_p(t)$ ，以模拟故障冲击信号。 $s_4(t)$ 的表达式为

$$s_4(t)=x_1(t)+x_2(t)+x_3(t)+x_p(t) \tag{3-55}$$

式中， $x_p(t)=\sin(2\pi 100t)$ 。

信号在 0.017s 左右出现，持续时间为 0.03s。对于这样一个含有冲击成分的仿真信号 $s_4(t)$，其时域波形如图 3.15 所示。分别用 STFT、Wigner-Ville 分布、小波变换及 EMD 方法进行时频分析，分析结果如图 3.16～图 3.19 所示。

从图 3.16～图 3.19 可见，对于含有冲击成分的仿真信号 $s_4(t)$，STFT 和 Wigner-Ville 分布分析方法不能有效地识别，但小波变换和 EMD 方法均可以识别。图 3.19 中，在

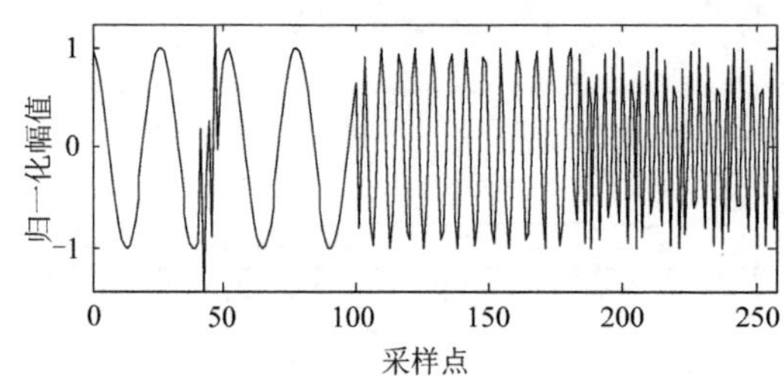

图 3.15　仿真信号 $s_4(t)$ 的时域波形

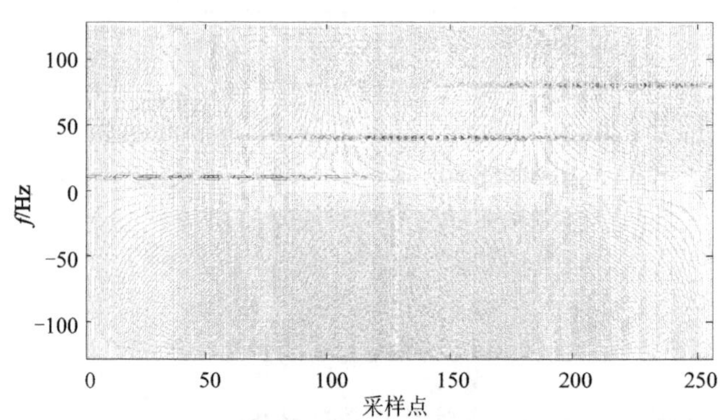

图 3.16　仿真信号 $s_4(t)$ 的 STFT 分析结果

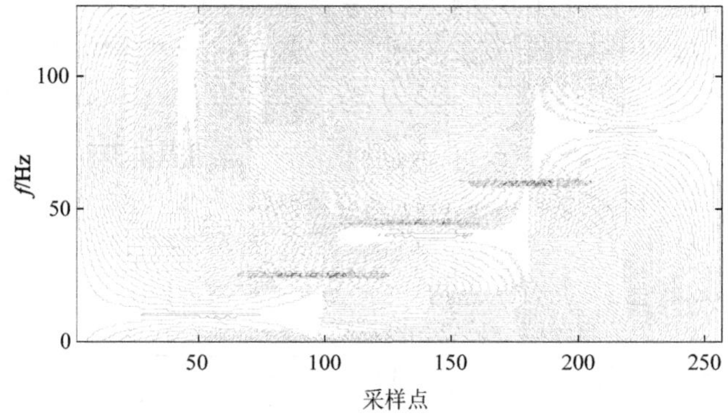

图 3.17　仿真信号 $s_4(t)$ 的 Wigner-Ville 分布分析结果

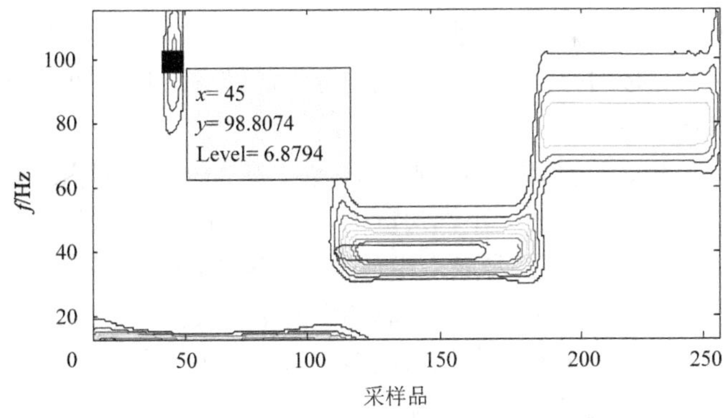

图 3.18　仿真信号 $s_4(t)$ 的小波变换分析结果

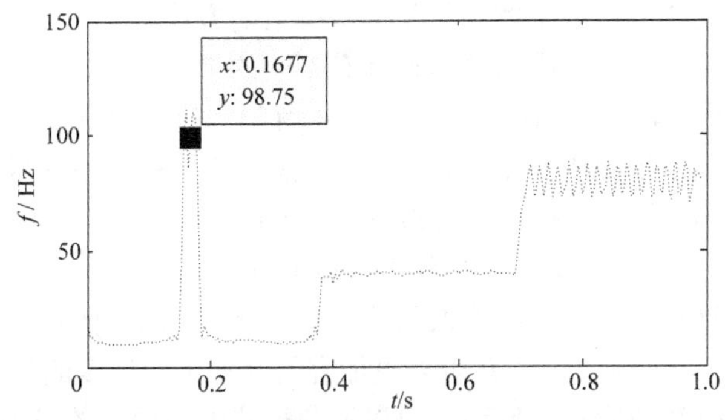

图 3.19　仿真信号 $s_4(t)$ 的 EMD 分析结果

0.1677s 时刻有一幅值为 98.75Hz 的频率成分出现，可见 EMD 分解可以有效地捕捉信号中的冲击分量，并且 EMD 时频分析方法的频率分辨率要优于小波变换方法。

3.3.1.4　存在的问题

EMD 是 HHT 的关键技术，大量应用表明该方法对于数据处理是非常有效的，但 EMD 仍然存在一些问题，如产生虚假分量和模态混叠现象等。其问题归纳起来无外乎两点：一是当待分析的信号出现间断时会造成分解结果出现模态混叠现象，但工程应用中测量的信号由于各种原因而出现间断是常见的，而且不可避免。模式混叠是指多个具有不同尺度的信号分量出现在一个 IMF 分量中，或者相同尺度的信号分量出现在多个 IMF 中，这不仅会在多个 IMF 中造成“频率混淆”，而且也会使 IMF 分量丢失相应的物理意义，对此进行 Hilbert 变换得到的瞬时频率和 Hilbert 谱也就不再准确。二是算法本身在执行过程中，当定义由极值确定的上下包络线时，由于端点处极值的不确定性（既不是信号的极大值点，也不是信号的极小值点）会引起端点效应，在包络线的两端产生失真，而这种失真会随着迭代过程向内逐渐传播，并层层分解，使误差不断累积，甚至导致分解变得毫无意义。

3.3.2　EEMD 方法

Wu 等提出了总体平均经验模式分解方法（ensemble empirical mode decomposition,

EEMD）[8]，这是一种新的噪声辅助数据分析方法，可以有效解决 EMD 分解中的模式混叠问题。其利用 Gauss 白噪声具有频率均匀分布的统计特性，使添加了噪声后的信号在不同尺度上具有连续性。

EEMD 的基本思想是让后添加的白噪声序列在整个时频空间内均匀分布，当信号加在这些一致分布的白色背景上时，不同尺度的信号会自动映射到合适的参考尺度上。每个加入了 Gauss 白噪声的序列信号成为由信号和白噪声序列组成的一个“总体”，根据零均值 Gauss 白噪声的特性，利用多个“总体”的平均使其中的噪声互相抵消，全体的均值最后将被认为是真实的分量，所加入的多次试验是为了剔除加入的白噪声，最终使信号中隐含的各个尺度被清晰地分解出来。

工程应用中，所有的振动数据都是由信号和噪声组成的。为了提高测量的准确性，对每次独立观察得到的数据取全体均值是一个有效的方法。在信号的分解中也是如此，即使不同的人收集得到同一过程的数据也具有不同的噪声水平，但是其整体均值接近于真实值。在分解过程中，在原始信号 $x(t)$ 中加入有限幅值的白噪声序列，重复 N 次上述分解过程，选择 N 值的原则是保证加入的有限幅值的白噪声序列尽可能覆盖所有的可能。基于此方法，第 i 个加白噪声序列的观测值表达为

$$x_i(t) = x(t) + w_i(t) \tag{3-56}$$

尽管加入的白噪声序列可能会降低信号的信噪比，但添加的白噪声序列是一个均一化的相近尺度分布，在分解过程中就可以更加容易地把不同尺度的信号分解开来。所以，低信噪比并不影响分解的质量，反而还可以避免模式混叠现象的发生。

EEMD 分解流程如图 3.20 所示。

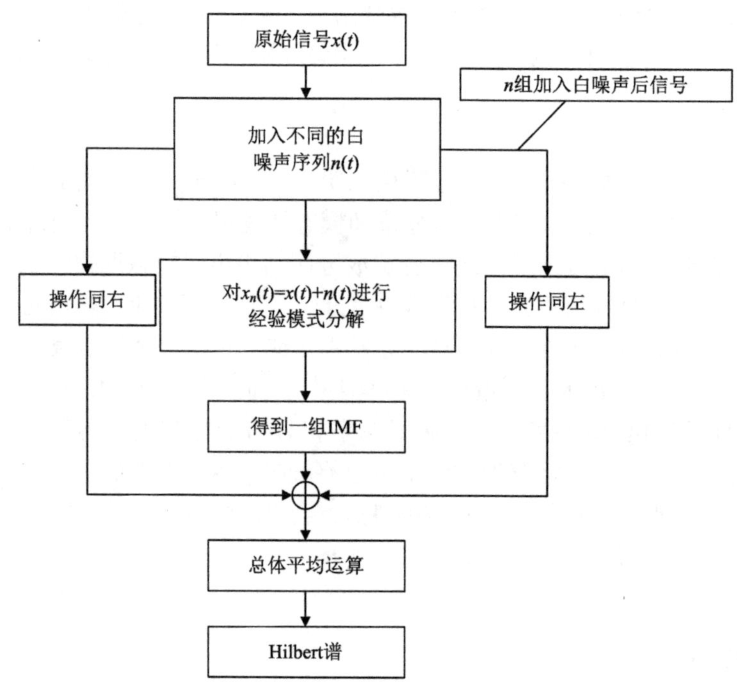

图 3.20　EEMD 分解流程

EEMD 分解过程中有两个关键参数，一个是加入噪声的幅值，另一个是集总平均次数。Wu 等给出了这两个参数的建议值[9]：

$$\varepsilon=\frac{\alpha}{\sqrt{N}} \tag{3-57}$$

式中，α 为所加入噪声的幅值；N 是 EEMD 分解过程中的集总平均次数；ε 为最终的标准差，代表原始信与 EEMD 分解获得的若干 IMF 分量和之差。

为了确保白噪声能够扰动信号的极值，噪声幅值 α 不宜太小；为了减小总误差，应该增大样本数量 N。综合考虑这两方面因素，本书中噪声幅值取为信号标准差的 0.4 倍，样本数量取为 200。

EEMD 分解通常会得到若干阶 IMF 分量，本章过各 IMF 分量的方差贡献率的大小不同来选择其中敏感的分量进一步分析。

3.3.3 EMD 与 EEMD 对比分析

对于 EMD 和 EEMD 对信号的分解效果比较，构造仿真信号 $s_5(t)$，其表达式为

$$s_5(t)=\sin(2\pi 40t)+\cos(2\pi 140t) \tag{3-58}$$

仿真信号 $s_5(t)$ 由两个不同频率成分的谐波叠加而成，其时域波形如图 3.21 所示。

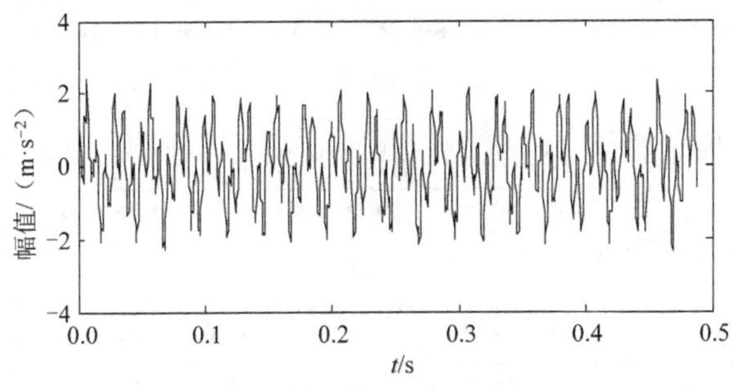

图 3.21 仿真信号 $s_5(t)$ 的时域波形

现对该仿真信号分别应用 EMD 和 EEMD 方法进行分解，其中 EEMD 分解时加入的白噪声幅值取 0.4，平均次数取 200。仿真信号 $s_5(t)$ 的 EMD 分解结果如图 3.22 所示。

从图 3.22 可以看出，IMF 分量按照波动频率依次从高到低排列，第一阶 IMF 分量和第二阶 IMF 分量与仿真信号中的 140Hz 和 40Hz 信号频率成分相对应，说明 EMD 分解方法能够把不同频率成分的信号有效地提取出来。在图 3.22 中，除了提取出来的各阶 IMF 分量之外，从理论上来说，剩下的分量应该是残余项分量，代表信号的趋势分量，由仿真信号的表达式可知其趋势分量应该为零。然而，由于端点效应的影响而使分解的质量下降，在图 3.22 中，EMD 除了分解出第一阶 IMF 分量和第二阶 IMF 分量两个固有模态分量之外，还有其余若干 IMF 分量。

仿真信号 $s_5(t)$ 的 EEMD 分解结果如图 3.23 所示。

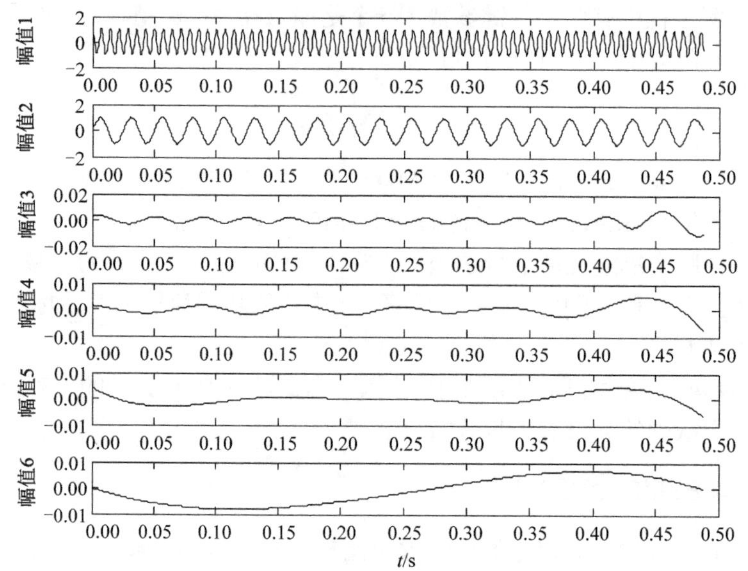

图 3.22　仿真信号 $s_5(t)$ 的 EMD 分解结果

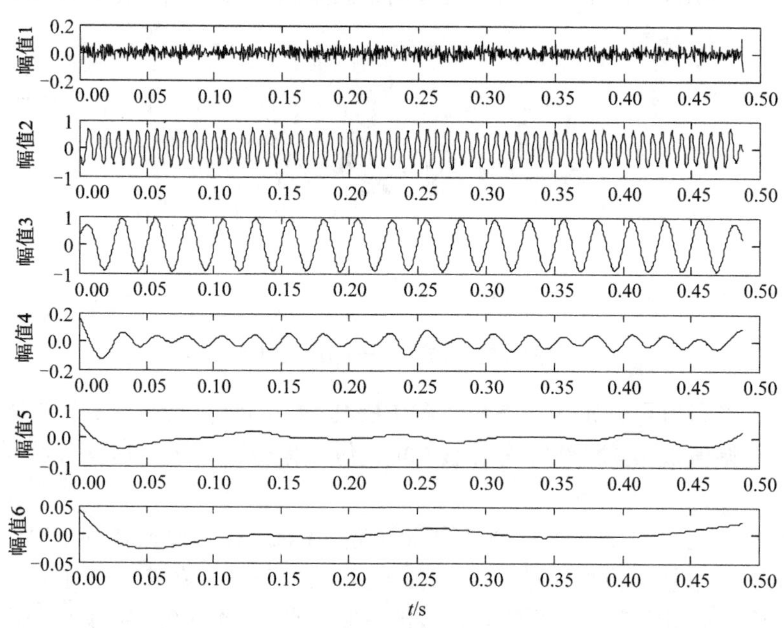

图 3.23　仿真信号 $s_5(t)$ 的 EEMD 分解结果

根据图 3.23 中 EEMD 的分解结果，可以看出对于没有加入任何白噪声序列的仿真信号来说，EEMD 能够正确地从信号中提取出各信号成分。其中，第二阶 IMF 分量及第三阶 IMF 分量分别对应仿真信号中频率分别为 140Hz 和 40Hz 的信号成分；第四阶 IMF 分量和第五阶 IMF 分量为因 EEMD 分解过程中加入的白噪声序列而产生的噪声分量，是在分解结果中留下的没有完全抵消的噪声成分。如果分解过程中加入的白噪声序列不能包括所有的可能性，将无法抵消所有的噪声成分。其余 IMF 分量的产生原因同上。

在仿真信号 $s_5(t)$ 中加入幅值为 0.2 的白噪声序列，表达式为

$$s_{5\text{-noise}}(t) = \sin(2\pi 40t) + \cos(2\pi 140t) + 0.2n(t) \tag{3-59}$$

式中，$n(t)$ 为 N[0,1]分布的白噪声。

加噪的仿真信号 $s_5(t)$ 的时域波形如图 3.24 所示。分别应用 EMD 和 EEMD 方法对其进行分解，其中 EEMD 分解加入的噪声幅值取 0.4，平均次数取 200，信号的分解结果如图 3.25 和图 3.26 所示。

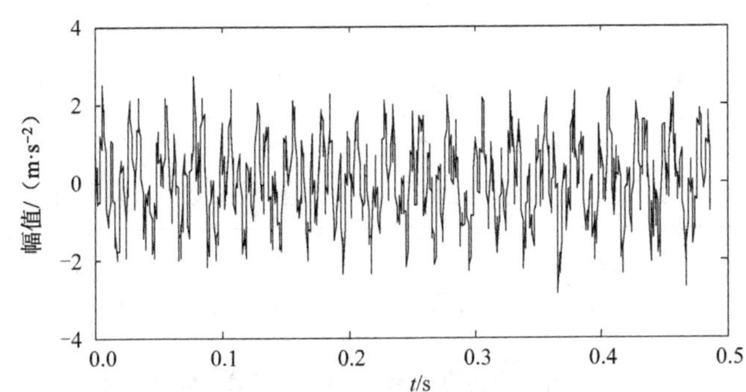

图 3.24　加噪的仿真信号 $s_5(t)$ 的时域波形

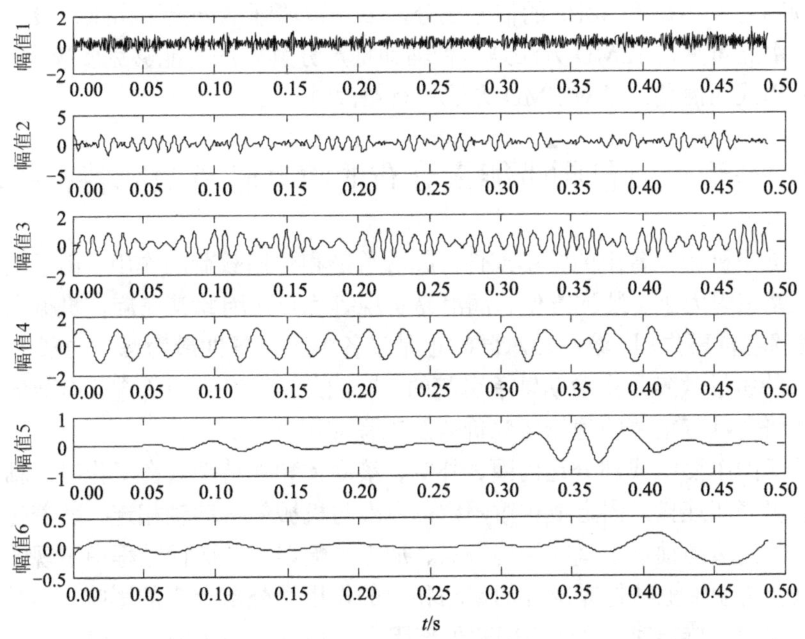

图 3.25　加噪的仿真信号 $s_5(t)$ 的 EMD 分解结果

从图 3.25 可以看出，在加噪的仿真信号 $s_5(t)$ 的 EMD 分解结果中，140Hz 的信号成分分别出现在第二阶 IMF 分量和第三阶 IMF 分量中，即出现了模式混叠现象。由此可以看出，信号中加入的噪声会对 EMD 分解产生影响，使分解失去实际意义。

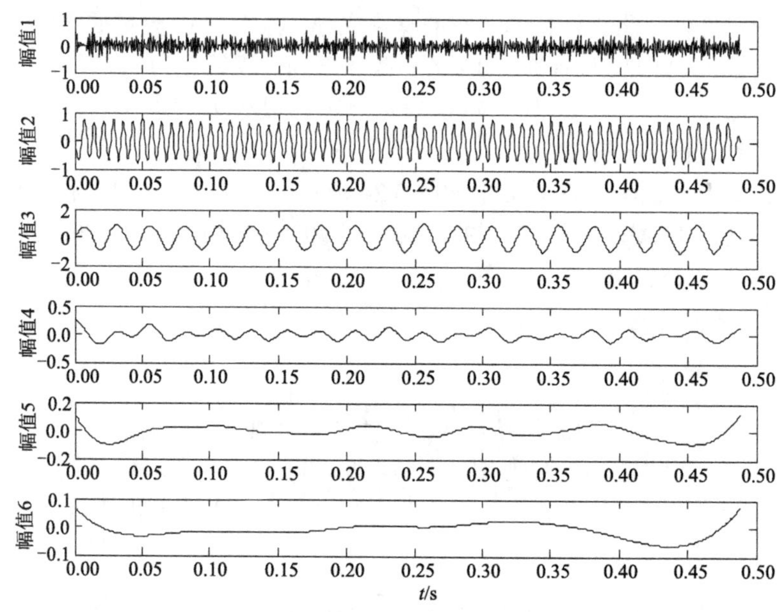

图 3.26　加噪的仿真信号 $s_5(t)$ 的 EEMD 分解结果

图 3.26 为 EEMD 的分解结果，其中第二阶 IMF 分量和第三阶 IMF 分量分别对应仿真信号中频率为 140Hz 和 40Hz 的信号成分，二者被清晰地分离了出来，没有出现模式混叠现象。由此可见，EEMD 方法是一种辅助噪声分解方法，能够克服噪声对 EMD 的影响，削弱模式的混叠，是对 EMD 方法的有益改进。

3.4　基于小波包频带能量分布的滚动轴承故障特征提取

滚动轴承是机械设备中的常用部件，起着承受和传递载荷的作用。由于滚动轴承具有效率高、摩擦阻力小、装配方便、润滑易实现等优点，因此其在旋转机械上应用非常普遍，且发挥着重要作用。滚动轴承同时也是设备中工作条件最为恶劣的部件，据统计，大约有 30%的机械故障是由滚动轴承引起的[10]。因此，对滚动轴承进行有效的状态监测与故障诊断研究具有重要的理论研究价值及工程应用意义。

滚动轴承的主要组成部分是内圈、外圈、滚动体和保持架。在工作时，轴承的外圈与轴承座或机壳相连接，固定或相对固定；内圈与机械的传动轴相连，随着传动轴一起转动。由于受到滚动轴承本身的结构特点、加工装配误差、运行过程中出现的故障等内部因素，以及传动轴上其他零部件的运动和力的作用等外部因素的影响，当轴承在一定载荷下以一定速度旋转时，这些内部和外部因素对轴承和轴承座或机壳组成的振动系统产生激励，并产生振动。

3.4.1　轴承故障实验装置

本节实验数据来自美国凯斯西储大学电气工程实验室的滚动轴承数据集，实验平台如图 3.27 所示，包括一个 2HP 的电动机（左侧）（1HP=735W）、一个转矩传感器（中间)、一个功率计（右侧）和电子控制设备（没有显示)。信号采样频率为 12000Hz，样本长度切割为 4096 点。被测试轴承支承电动机轴，轴承局部损伤由电火花机人工加工制作，以此模拟轴承的不同故障类型和损伤状态，通过在驱动端安装加速度传感器采集轴承的振动数据。数据集中包括滚动轴承正常状态，以及滚动体、内圈、外圈四种轴承状态；并以损伤内径 0.007in（1in≈2.54cm)、0.014in、0.021in 分别模拟轻微、中度、严重三种不同损伤程度。

图 3.27　轴承实验平台

滚动轴承参数设置如表 3.1 所示。

表 3.1　滚动轴承参数设置

内圈直径/mm	外圈直径/mm	厚度/mm	滚动体直径/mm	滚动体数	轴承节径/mm	接触角/（°）
25	52	15	7.9	9	39	0

利用吸附在具有磁性机体上的加速度传感器来获得振动数据，在电动机机架的驱动端和鼓风端，传感器被放置在 12 点钟的位置。用 16 通道的数字录音记录器记录振动信号，采样频率分别为 12kHz 和 48kHz。

轴承转速为 1772r/min，则转频为 $f_R=\dfrac{1772}{60}=29.53\text{Hz}$；又已知滚动体直径 d_B 为 7.9mm，轴承节径 D 为 39mm，接触角 θ 为0°。计算轴承的滚动体故障特征频率为

$$f_B=\frac{D}{2d_B}\left[1-\left(\frac{d_B}{D}\cos\theta\right)^2\right]f_R=\frac{39}{2\times7.9}\left[1-\left(\frac{7.9}{39}\cos0^\circ\right)^2\right]\times29.53\approx69.89$$

同样可得，内圈故障特征频率为

$$f_I=\frac{n}{2}\left[1+\frac{d_B}{D}\cos\theta\right]f_R=\frac{9}{2}\times\left[1+\frac{7.9}{39}\right]\times29.93=162.03$$

外圈故障特征频率为

$$f_O=\frac{n}{2}\left[1-\frac{d_B}{D}\cos\theta\right]f_R=\frac{9}{2}\times\left[1-\frac{7.9}{39}\right]\times29.53=105.91$$

信号的采样频率为 12kHz，经过分析可以确定滚动轴承故障信号频率为 0～200Hz。

工程应用中，实际采样频率通常为信号频率的 10 倍，为了保证小波包频带划分有效，本书通过重采样将信号的采样频率取为 3000Hz，并将信号进行归一化处理。重采样后信号的时域波形如图 3.28 所示。

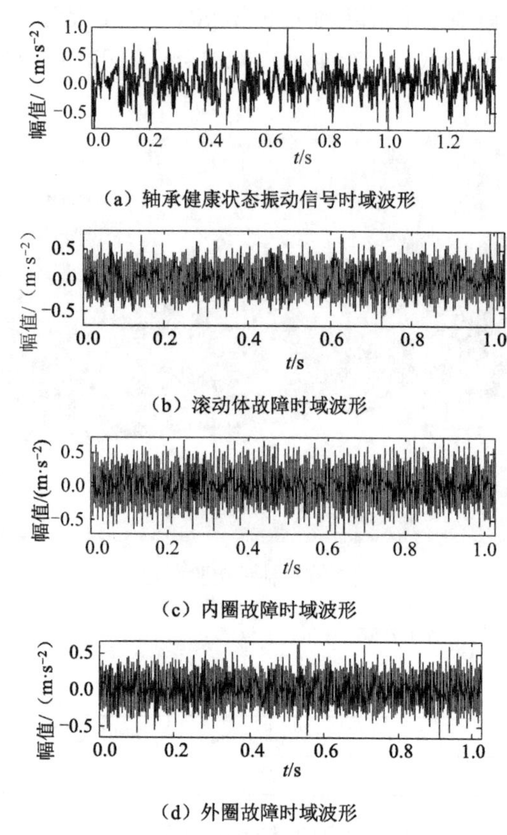

（a）轴承健康状态振动信号时域波形

（b）滚动体故障时域波形

（c）内圈故障时域波形

（d）外圈故障时域波形

图 3.28　滚动轴承重采样振动信号时域波形

3.4.2　小波基函数选择

与标准 Fourier 变换相比，小波变换中用到的小波基函数具有多样性的特点。小波基一般具有以下性质。

1）紧致性和衰减性。

2）光滑型和正规型。

3）对称性和线性相位。

4）正交性。

小波基函数的不同导致小波的千差万别。小波基函数的选择是进行信号处理、分析的重要环节，利用不同的小波基函数分析同一个信号会产生不同的结果。在目前工程应用中，小波基函数的选择仍缺乏系统的方法和指导性的原则，通常需要根据小波基函数的属性、待分析信号的特征及所做分析的具体要求而定。在众多的小波基函数的家族中，有一些小波基函数被实践证明是非常有效的，如多贝西（Daubechies）db$N$ 小波系、莫莱特（Morlet）小波、墨西哥帽状（Mexican hat）小波和迈耶（Meyer）小波等。经过选择，本节采用 Daubechies 小波族中的 db44 作为旋转机械振动信号的小波基函数。Daubechies 小波系是 Daubechies 提出的一系列二进制小波的总称，简记为 db$N$（N=2,3,⋯,10）。该小波系列具有较好的紧致性、光滑性和近似对称性，更为适合于对非平稳信号的分析。

3.4.3 小波包频带能量划分

小波包变换可以把信号分解成不同频率范围的分量，由于不同类型的信号包含的信息成分不同，经过小波包分解后目标信号中的信息成分在各个分解尺度分量中的分布存在着差异，这种差异主要是由目标振动源的不同特征造成的。因此，通过分析样本信号的能量分布情况，可以识别出该信号的所属类型。

小波包频带能量特征提取算法实现过程如下。

步骤 1　对振动信号进行三层小波包分解，提取各频带划分的系数。

步骤 2　对小波包分解系数进行重构。X_{3i}为第三层第 i 个频带的信号，用S_{3i}表示X_{3i}的重构信号，将第三层上的八个节点用于分析，则振动信号 S 可表示为

$$S=\sum_{j=0}^{7}S_{3j} \tag{3-60}$$

步骤 3　计算第三层各频带振动信号能量。设S_{3j}对应的能量为E_{3j}，则有

$$E_{3j}=\int\left|S_{3j}(t)\right|^2\mathrm{d}t=\sum_{k=1}^{N}|x_{jk}|^2 \tag{3-61}$$

式中，$x_{jk}(j=0,1,2,\cdots,7;\ k=1,2,\cdots,N)$为重构信号$S_{3j}$的离散点的幅值。

步骤 4　构造特征向量。以第三层各频带能量E_{3j}所占比例为元素构造特征向量 T，设被分析信号的总能量为E_0，则有

$$E_0=\sum_{j=0}^{7}E_{3j} \tag{3-62}$$

$$T=\frac{1}{E_0}\left[E_{30},E_{31},E_{32},\cdots,E_{37}\right] \tag{3-63}$$

3.4.4 实验结果与分析

为了验证所提出的特征提取方法的有效性，对滚动轴承的健康、滚动体故障、内圈故障及外圈故障四种振动信号进行归一化处理并进行三层小波包分解，分解结果如图 3.29～图 3.32 所示。小波包解后，在第三层上得到(3,0),(3,1),⋯,(3,7)共八个小波包重构信号分量。用不同频带上的能量占信号总能量的百分比对每组信号进行对比分析，绘制小波包分解的能量分布柱状图，如图 3.33 所示。

从图 3.33 可见，四种类型信号的能量分布特点明显不同，可以作为故障诊断的依据。

利用上述方法进一步分析不同程度的内圈故障，分析结果如图 3.34 所示。结果表明利用小波包频带能量分布特征提取方法可以识别出故障程度的不同。

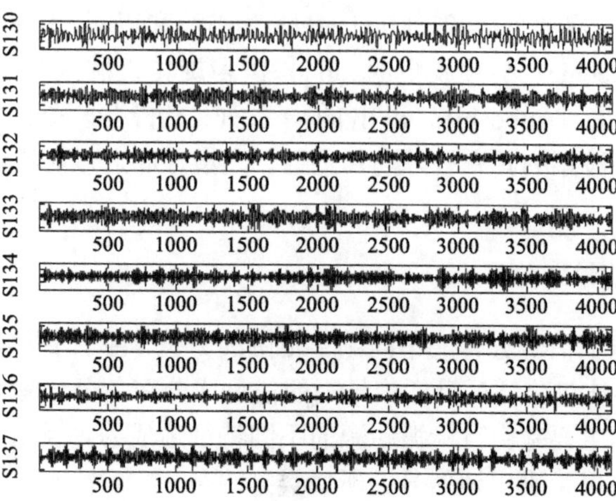

图 3.29　健康信号小波包分解结果

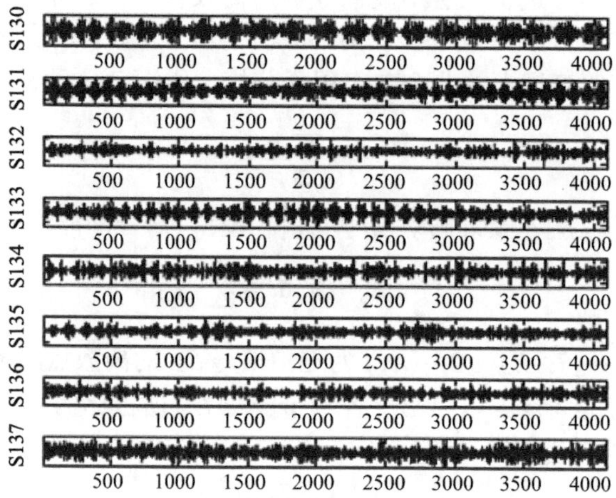

图 3.30　滚动体故障信号小波包分解结果

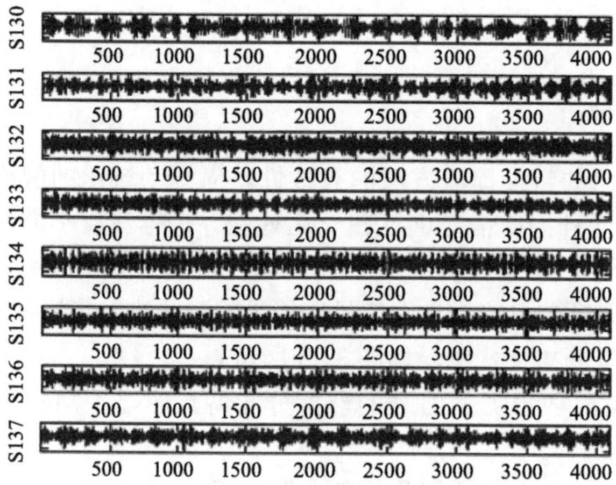

图 3.31　内圈故障信号小波包分解结果

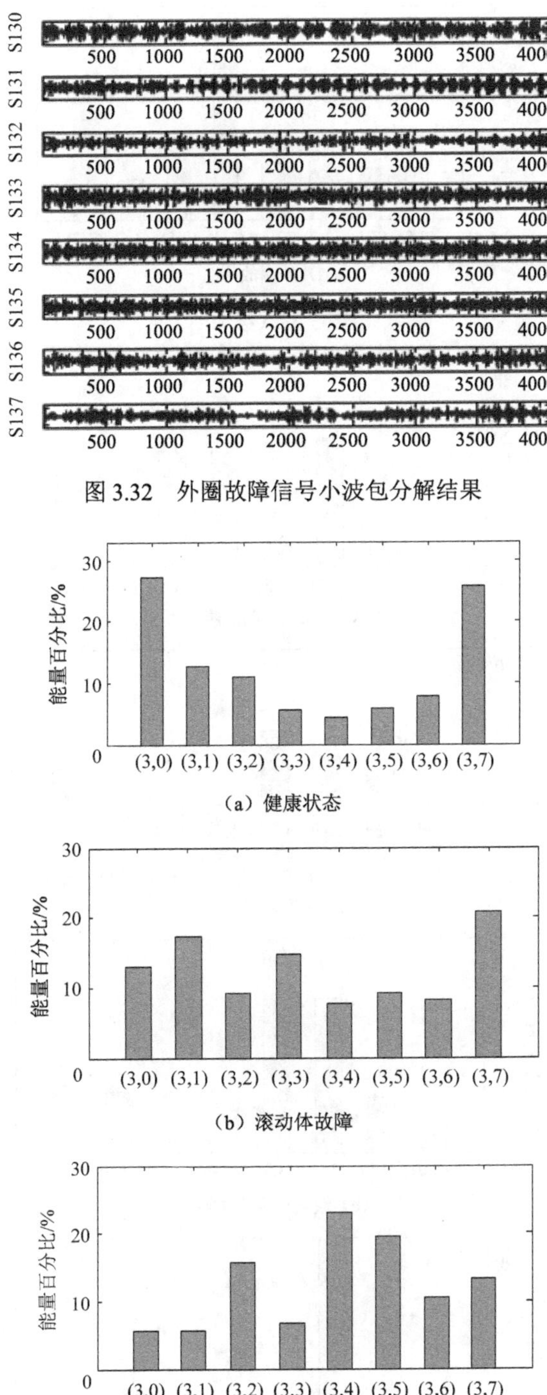

图 3.32　外圈故障信号小波包分解结果

（a）健康状态

（b）滚动体故障

（c）内圈故障

图 3.33　滚动轴承振动信号的三层小波包能量分布柱状图

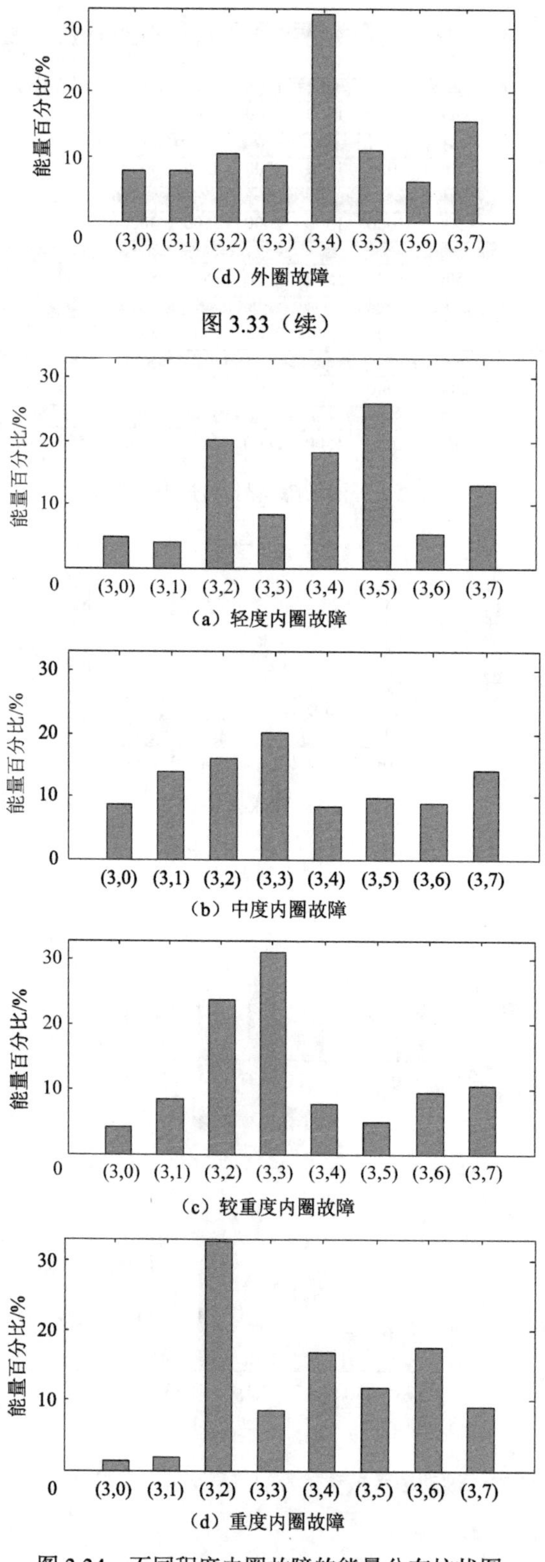

（d）外圈故障

图 3.33（续）

（a）轻度内圈故障

（b）中度内圈故障

（c）较重度内圈故障

（d）重度内圈故障

图 3.34　不同程度内圈故障的能量分布柱状图

3.5　基于 EEMD 的转子不对中故障特征提取

3.5.1　不对中故障实验装置

不对中故障是指驱动设备的轴与被驱动设备的轴不在同一中心线。常见的不对中故障有三种情况：平行不对中、偏角不对中及平行偏角不对中。在实际工程应用中，驱动轴和被驱动轴很难达到完美的对中状态，即便设备在安装初期处于对中状态，经过一段时期后由于各种因素的影响，如轴承发热、润滑系统及轴承座移位等，也难以保持对中状态。不对中故障是旋转机械运行过程中的一种常见故障，也是一种主要的振动源。严重的不对中故障会引发轴承裂纹、转子碰磨而最终导致设备失效。

实验用实验台为弹性联接双跨三支点转子实验台，如图 3.35 所示，由驱动电动机、轴承、转子、圆盘、弹性联轴器、底座组成。转子 1 总长度为 400mm，转子 2 总长度为 300mm，转轴直径均为 10mm，圆盘直径均为 80mm，圆盘厚度均为 15mm，每个圆盘上有 24 个平衡螺孔，通过增加或减少平衡螺栓的个数可以调整转子的偏心程度。转轴由电动机驱动，右跨转轴通过绳式弹性联轴器与电动机相连，以减少振动的相互影响。右跨转轴支撑在两个滑动轴承上，左跨转子通过弹性联轴器与右跨转轴相连，并通过一个滑动轴承支撑。

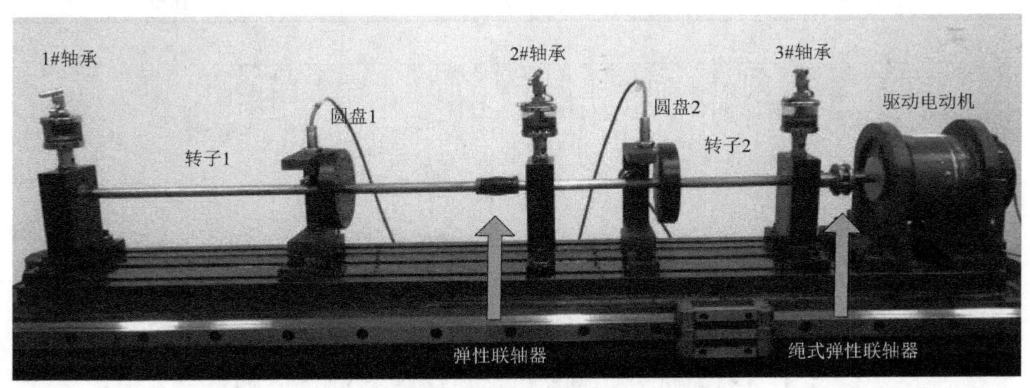

图 3.35　弹性联接双跨三支点转子实验台

对于双跨转子系统，当其两轴的轴心线不在同一直线上时，即出现不对中。通过改变实验台上 1#轴承的支承状态，模拟转子系统不同程度的不对中故障。如图 3.36 所示，在 1#轴承座下添加不同厚度的垫片，以此制造转子不对中故障。电涡流传感器放置于距离圆盘中心 25mm 处，分别测定水平和垂直方向的振动位移。不对中故障说明如表 3.2 所示。

使用 B&K 公司的振动、噪声测试分析系统进行信号采集，采样频率为 1600Hz，采样数据点为 4096。对健康状态下转子振动信号进行 EEMD 分析，振动信号时域波形如图 3.37 所示；EEMD 分解结果分别如图 3.38 和图 3.39 所示。转子系统在健康状态开始工作，转速调至 1620r/min，则转频为 27Hz，对归一化振动信号进行 EEMD 分解，如图 3.38

所示。图 3.38 中，第一阶 IMF 分量是虚假噪声信号；第二阶 IMF 分量是典型的调制信号，调制频率为 27Hz，说明转子振动信号在基频作用下发生了幅值调制，并且振动信号中只含有一倍频成分；第三阶 IMF 分量的频率成分为 27Hz。

图 3.36　添加垫片实现轴承不对中

表 3.2　转子实验不对中故障说明

类型	不对中程度/mm	转速/（r/min）
健康状态	0	1620
轻度不对中	1	2040
重度不对中	5.7	1620

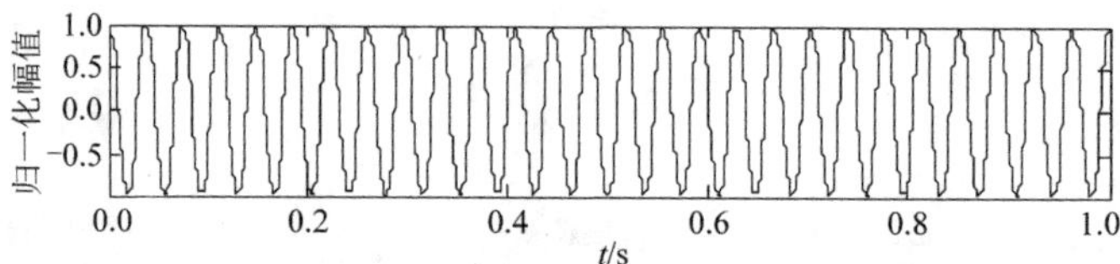

图 3.37　转子健康状态下振动信号时域波形

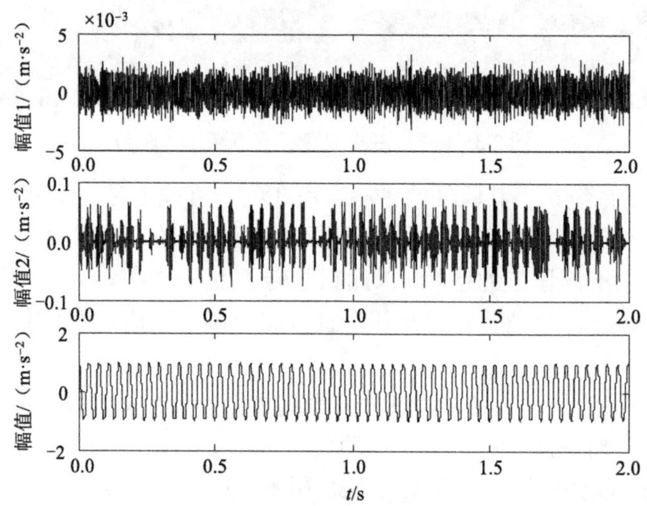

图 3.38　转子健康状态下振动信号的 EEMD 分解结果

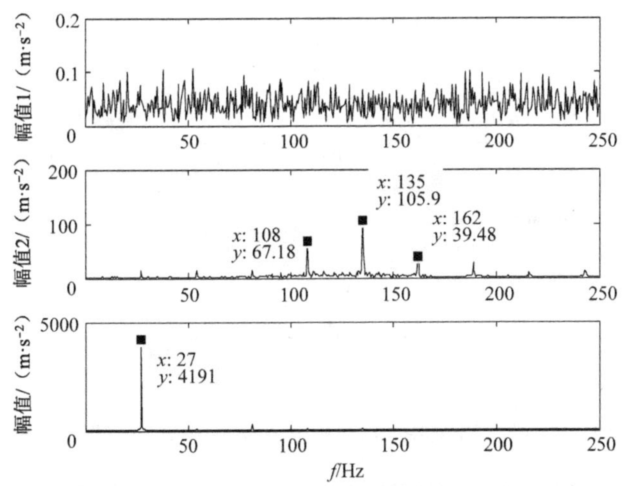

图 3.39　转子健康状态下振动信号的 EEMD 分解图频谱分析

其次，在不对中程度为 1mm 情况下，对转子振动信号进行 EEMD 分析，转子轻度不对中故障下振动信号时域波形如图 3.40 所示，EEMD 分解结果如图 3.41 和图 3.42 所示。其转速为 2040r/min，则基频为 2040/60=34Hz，图中可见在轻微不对中程度下，信号中出现了二倍频成分。

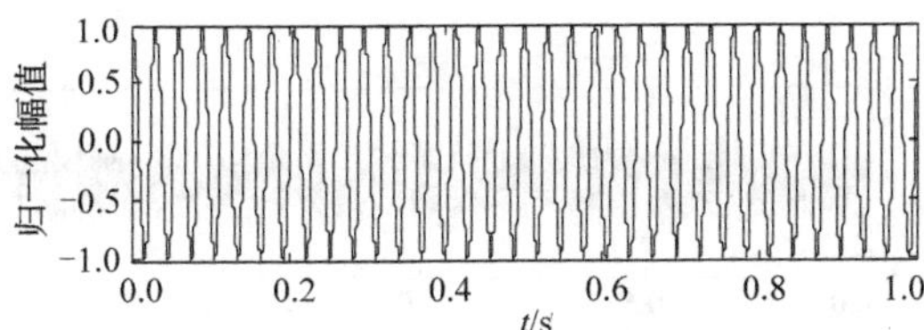

图 3.40　转子轻度不对中故障下振动信号时域波形

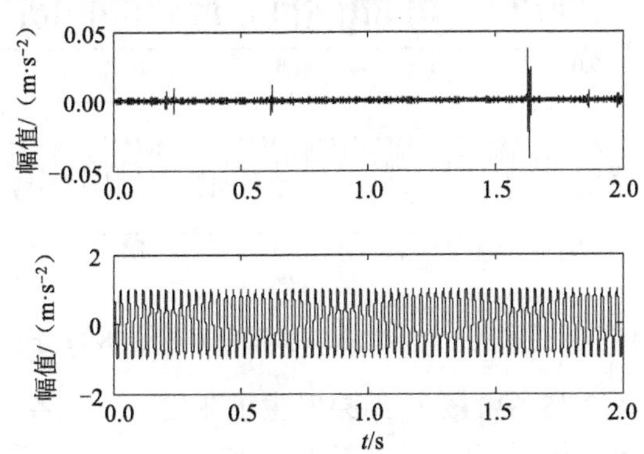

图 3.41　转子轻度不对中故障下振动信号的 EEMD 分解结果

最后，在不对中程度为 5.7mm 情况下，对转子振动信号的 EEMD 进行分析，转子重度不对中故障下振动信号时域波形如图 3.43 所示，EEMD 分解结果如图 3.44 和图 3.45 所示。

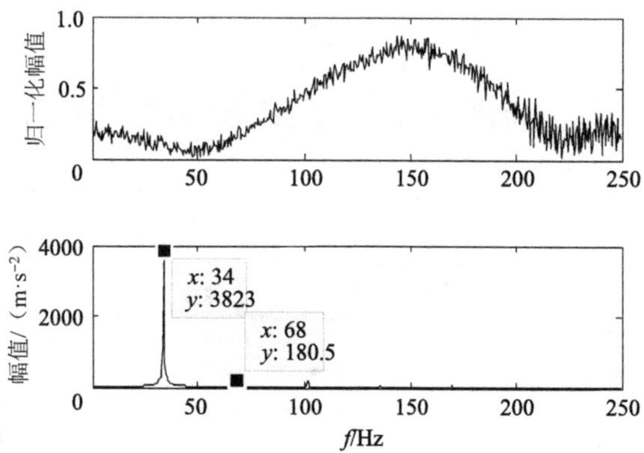

图 3.42　转子轻度不对中故障下振动信号的 EEMD 分解图频谱分析

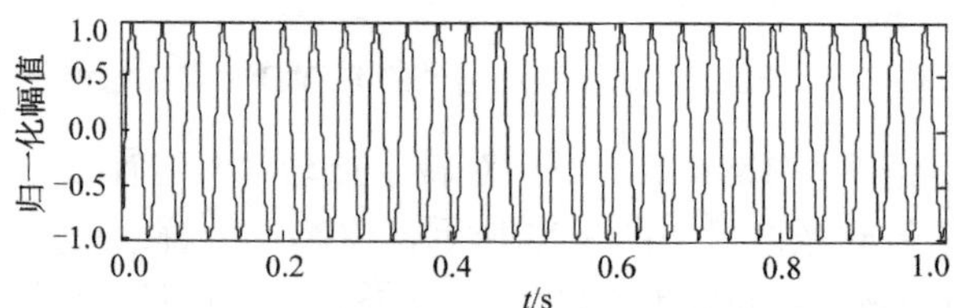

图 3.43　转子重度不对中故障下振动信号时域波形

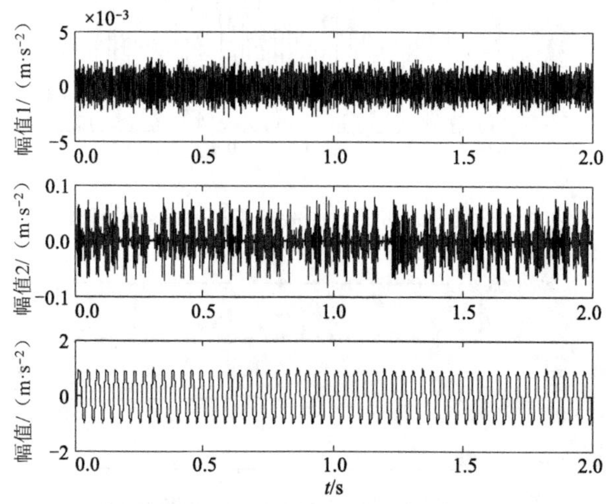

图 3.44　转子重度不对中故障下振动信号的 EEMD 分解结果

与图 3.42 相比，图 3.45 中的分析结果发生了变化，一是各分量信号的幅值都有所升高，二是在 IMF 分量的频谱中出现了基频的二倍频成分，表明系统发生了不对中故障，分析结果与前述不对中故障机理分析相吻合。

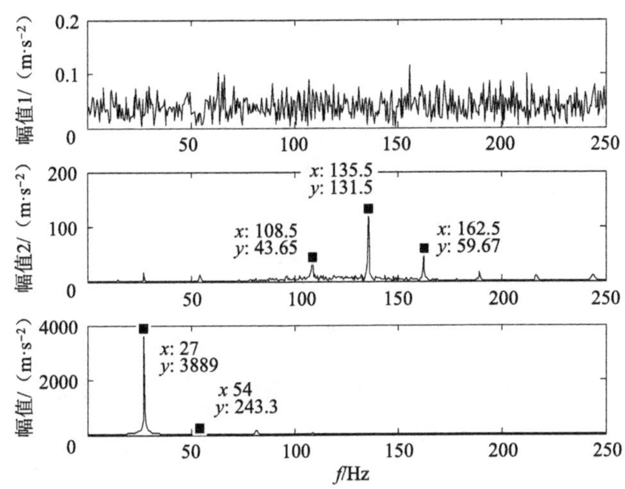

图 3.45　转子重度不对中故障下振动信号的 EEMD 分量频谱分析

3.5.2　基于 EEMD-小波包频带能量的不对中故障特征提取方法

为了提取有效的故障特征信息，为故障诊断提供可靠依据，本节结合 EEMD 和小波包分解的优势对转子不对中故障进行特征提取。其算法步骤如下。

步骤 1　将通过电涡流加速度传感器采集到的转子健康状况及各种不对中状况下的振动信号进行 EEMD 分解，获得若干个 IMF 分量。

步骤 2　根据各 IMF 分量的方差贡献率选择其中包含转子状态信息丰富的分量 IMF；

步骤 3　对所选取的 IMF 分量开展小波包分解，以 *db*44 作为小波基函数进行四层分解，共得到 16 个频带。

步骤 4　根据公式求出各频带信号的能量，并将能量归一化，得到各频带能量分布，如图 3.46～图 3.48 所示。

实验结果表明，IMF 分量的小波包能量分布可以正确描述信号中各个分量的能量变化，可用于对转子健康状态及不对中故障状态进行有效的监测和诊断。

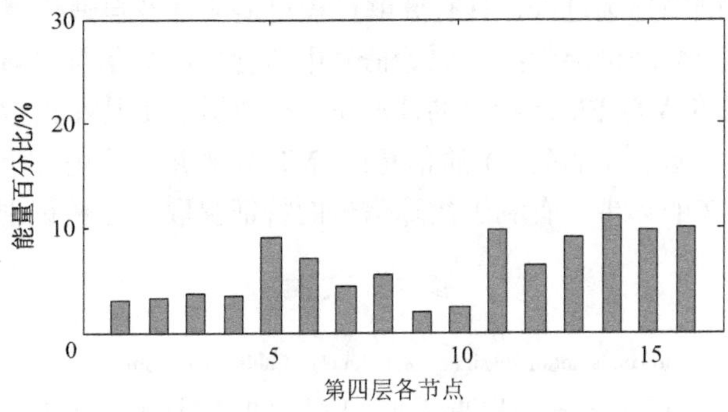

图 3.46　健康状态振动信号的频带能量分布

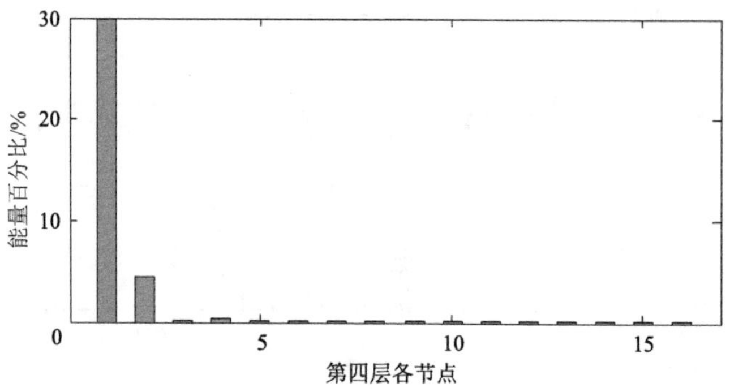

图 3.47　轻度不对中故障情况下振动信号的频带能量分布

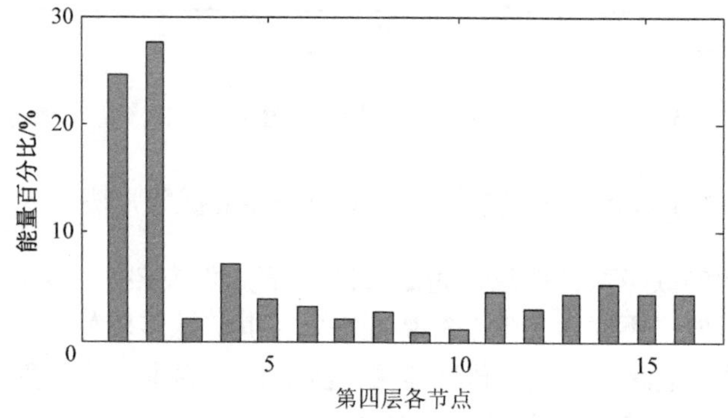

图 3.48　重度不对中故障情况下振动信号的频带能量分布

本 章 小 结

本章简述了 STFT、Wigner-Ville 分布和小波变换等经典时频分析方法，介绍了小波包分解频带能量，重点研究了 EMD 及 EEMD 方法在旋转机械故障特征提取中的应用，并将其与经典时频分析方法进行了仿真实验对比分析，指出了传统信号处理方法在非平稳信号分析中的缺陷。由于 EMD 方法的分解过程不需要预先设定基函数，是以信号自身的波动特征为基础的筛选过程，具有分解过程自适应性及自适应滤波的特点，因此分解得到的固有模态函数理论上保持了原始信号中所含单组分信号时域波形的完整性，而改进的 EEMD 方法在保持 EMD 特色的情况下，有效缓解了其端点效用，使时频分析结果更为准确。最后，选取包含故障本质信息的 IMF 分量并对其进行小波包分解，使分析更加集中于故障所在的频带，有利于故障信号的特征提取和诊断识别。

参 考 文 献

[1]　VILLE J.Theorie et application de la notion de signal analytique[J]. Cables et Transmission, 1948, 2(1): 61-74.

[2]　FELDMANN, M. Nonlinear free vibration identification via the Hilbert transform[J]. Journal of Sound and Vibration, 1997, 208(3): 475-459.

[3]　任达千. 基于局域均值分解的旋转机械故障特征提取方法及系统研究[D]. 杭州：浙江大学，2008.

[4] GABOR D. Theory of communication[J]. Iee Proc London, 1946, 93(73): 58.

[5] WICKERHAUSER M V. 1991. Lecture on wavelet packet algorithms[R]. Lecture Notes, INRIA, 1991.

[6] 马建仓，林其磁，葛文杰. 机械故障诊断学科的现状及发展[J]. 机械科学与技术，1994，50(2)：85-90.

[7] HUANG N E, SHEN Z, LONG S R, et al. The empirical mode decomposition and the Hilbert spectrum for nonlinear and non-stationary time series analysis[J]. Proceedings Mathematical Physical and Engineering Sciences, 1998, 454(1971): 903-995.

[8] WU J D, HUANG C W, CHEN J C. An order-tracking technique for the diagnosis of faults in rotating machineries using a variable step-size affine projection algorithm[J]. Ndt & E International, 2005, 38(2): 119-127.

[9] WU Z H, HUANG N E. Ensemble empirical mode Decomposition: A noise assisted data analysis method[J]. Advances in Adaptive Data Analysis, 2011, 1(1): l-41.

[10] 陈进. 机械设备故障诊断技术及其应用[M]. 上海：上海高等电子音像出版社，2003.

第 4 章 非平稳信号的阶比跟踪分析及故障特征提取

以变转速工作模式运行的旋转机械故障诊断问题已经成了故障诊断领域的研究热点之一，因为即使较小的转速波动也会通过改变相应的频域分布进而影响最终的故障诊断效果。转速与旋转机械系统振动信号有着密切的联系，振动频率通常是旋转轴转速（转频）的整数阶倍频（如转子不对中、不平衡等）或分数阶倍频（如转子松动、油膜涡动等），因此利用阶比跟踪分析方法对旋转机械振动信号进行特征提取具有显著优势。阶比跟踪分析方法可以用来有效分析和转速相关的振动信号，其实质是消除或降低转速变化对振动信号分析的影响。阶比跟踪分析在角域上对时域信号进行重采样，目的是通过恒定的角增量采样将时域的非平稳信号转换为角域平稳信号或准平稳信号，以便更好地反映与转速相关的振动信息。其中，实现等角度重采样是阶比跟踪分析的关键，无论旋转机械的转速为多少，等角度采样都能保证每一转内的采样点数始终不变，即会依据参考轴转速的变化而随时调节采样率，确保时域采样时不会出现特征点丢失现象。

阶比分析方法按照是否需要转速信息可分为有转速计的阶比跟踪和无转速计的阶比跟踪两种，前者主要包括传统的硬件阶比跟踪和计算阶比跟踪，后者主要包括基于时频分析的阶比跟踪和 Gabor 阶比跟踪等。其中，硬件阶比跟踪方法安装复杂、成本高，而且对于转速变化快的信号跟踪效果不理想；而计算阶比跟踪采用鉴相装置来采集脉冲信号，具有精度高、实时性好的特点，目前在商业软件中应用广泛。但二者在不适合安装鉴相装置或转速计的场合下都无法实现，所以无转速计阶比跟踪技术近年来发展较快。本章对这几种阶比跟踪技术均做了较为深入的阐述，并重点研究了基于瞬时频率估计的无转速计阶比跟踪方法，同时提出了阶比小波包的故障特征提取方法，用于旋转机械不对中故障的各类升速振动信号的分析及特征提取。

4.1 阶比跟踪分析方法的提出

旋转机械升降速过程中的振动信号蕴含了丰富的状态信息，一些在平稳运行时不易反映的故障征兆可能会在此时充分地表现出来，因此旋转机械升降速过程中的振动信息对于旋转机械故障诊断具有重要的价值[1-2]。在旋转机械的运行过程中，特别是在升降速阶段，其转速、功率、负荷等都是随时变化的，同时由于系统阻尼、刚度、弹性力、驱动力的非线性及故障等原因，其信号频率的组成也是随时变化的，因此直接导致了振动信号的非平稳性突出。对于这一情况，基于等时间间隔采样的 Fourier 变换存在不能实现振动信号的整周期采样等缺陷和不足[3]，无法有效处理旋转机械升降速阶段的非平稳信号。在旋转机械转速变化过程中，如果采用等时间间隔采样，在信号变化剧烈时会出现欠采样而导致一些特征点丢失，而在信号变换缓慢时会出现过采样而造成浪费，从而产生频率混叠和能量泄露现象。

导致旋转机械升降速阶段的振动信号非平稳性的一个重要原因是转速变化，如果能够消除这类因素，则振动信号的非平稳性会得到有效改善。在这种情况下，阶比跟踪分析技术应运而生，并迅速发展。首先，引入阶比的概念。阶比定义为参考轴（通常为转轴）每转内发生的循环振动次数，表达式如下：

$$\text{Order} = \text{循环振动次数} / \text{转} \tag{4-1}$$

式中，Order 为阶比。

频率与阶比之间的关系如下：

$$\text{Order} = \text{Frequency} \bigg/ \left(\frac{\text{RPM}}{60}\right) \tag{4-2}$$

式中，Frequency 为测点的频率；RPM 为同步化轴的转速。

阶比属于一种频率尺度，是频率的另一种表达方式，即转频的倍数[4-5]。从式（4-2）可见，一旦旋转件的传动比确定后，阶比谱分布就不会受到参考轴转速波动的影响，所以阶比能很好地表示与转速有关的振动。

阶比是时变相量，瞬时频率与参考轴的转频相关。单个阶比可以用式（4-3）描述的时变相量数学定义[6]：

$$X(t) = A(k,t)\sin[2\pi(k/T)t + \varphi_k] \tag{4-3}$$

式中，$A(k,t)$ 为第 k 阶比的幅值，也是时间 t 的函数；φ_k 为第 k 阶比的初始相位角；T 为周期；t 为时间；k 为被跟踪的阶比。

从旋转机械中测得的振动信号多是由多个阶比和振动噪声组成的。多个阶比叠加的信号可以表示为时变相量之和，表达式如下：

$$X(t) = \sum_{k=-\infty}^{+\infty} A(k,t)\sin[2\pi(k/T)t + \varphi_k] \tag{4-4}$$

阶比跟踪是针对转频发生变化的旋转系统而言的一种分析方法。由于阶比跟踪要求变频数据采样，因此确保了时域变化剧烈的波形特征被完整地保留。与常规的频域分析方法相比，阶比分析更便于检测与转速相关的旋转机械振动信号。

4.2　阶比跟踪分析方法的实现

阶比分析方法发展自角域重采样理论，核心思想是实现非平稳信号的等角度采样，将时域的非平稳信号转换为角域的平稳信号或者准平稳信号。等角度采样是指在对旋转机械振动信号进行采样时，采样间隔是恒定的角度增量，而不是以往的时间增量，即无论旋转机械转速如何变化，每一转内的采样点数是恒定不变的，实现方式是采样过程中根据参考轴的转速变化随时调节采样率。阶比跟踪从频率和幅值调制的复杂信号中提取各次谐波成分，抑制与测量目标无关的干扰噪声，分离不依赖于测量源的噪声和振动。

4.2.1　硬件阶比跟踪技术

硬件阶比跟踪技术[7]是应用最早的阶比跟踪方法，其由于实时性强而一直在工程实践中应用，主要由采样率合成器和跟踪滤波器两部分组成。由采样率合成器产生一个与转轴成比例的信号来控制采样速率和模拟跟踪滤波器的截止频率。模拟跟踪滤波器是一个截止频率可调的低通滤波器[8]，通过外部触发脉冲在恒定角增量时刻触发采样。根据键相装置的不同，硬件阶比跟踪又可分为采用光电脉冲角度编码盘的硬件阶比跟踪技术和采用转速脉冲的硬件阶比跟踪技术两类。

1. 采用光电脉冲角度编码盘的硬件阶比跟踪技术

采用光电脉冲角度编码盘的硬件阶比跟踪技术[9-11]是最早实现的阶比跟踪技术，是一种接触式的测量，其实现原理如图 4.1 所示。

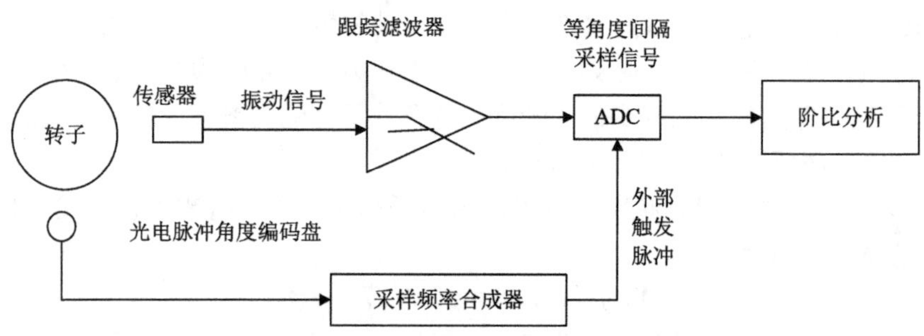

图 4.1　光电脉冲角度编码盘的硬件阶比跟踪技术实现原理

由图可知，首先由光电脉冲角度编码盘引发外部触发脉冲，接下来由采样频率合成器和跟踪滤波器等实现等角度采样。此法实时性强，转速变化平缓时可以实现精确的同步采样。但是，在转速波动较大时，采样精度则会显著降低，并且需要在转轴上安装编码盘来产生键相脉冲，而编码盘在一些场合下会因为环境受限而无法安装。另外，相关设备的成本和复杂性也限制了其使用范围。

2. 采用转速脉冲的硬件阶比跟踪技术

为了解除或降低光电编码盘等硬件对安装条件的要求和限制，研究人员提出了采用转速脉冲的硬件阶比跟踪技术。该技术是一种非接触式的测量，其实现原理如图 4.2 所示。每转一圈，转子就会输出一个键相脉冲，锁相倍频电路首先接收此脉冲，并将转速脉冲 n 倍频，实现每转输出 n 个外部触发脉冲，以控制模/数转换器对振动信号进行角域

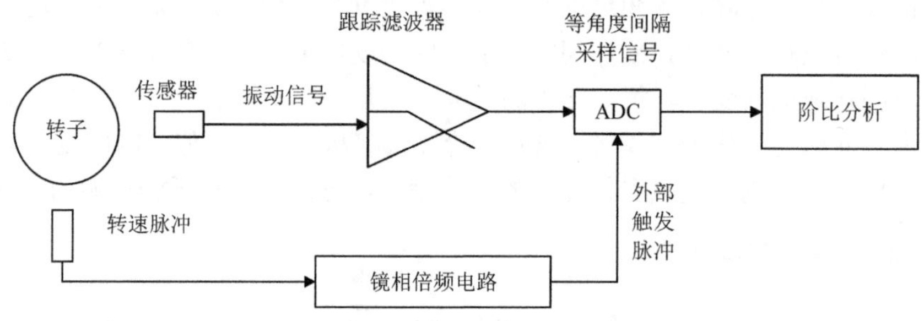

图 4.2　转速脉冲的硬件阶比跟踪技术实现原理

采样。其前提是假设转子在每一转内的转速是不变的，同时锁相倍频电路根据转速脉冲的时间间隔来控制跟踪滤波器的截止频率，实现对振动信号的跟踪滤波。

这一方法在安装和成本上有所改善，但由于转速脉冲间隔较长（至少一转），因此会降低鉴相时标计算精度。

3. 硬件阶比跟踪技术的缺陷

硬件阶比跟踪技术的缺陷如下：①硬件设备安装对安装条件及环境有一定的要求；②硬件成本较高；③要依赖特定的鉴相装置获得同步采样数据，调节采样率，而由于定时的限制，新的采样率不能被立即应用，通常会有一个转速间隔的时间延迟，因此采样率的调整要滞后两转。在正常运行状态下，轴速趋于恒定时，这种方法可以较好地工作，实现精确的同步采样；然而，在增减速期间，采样精度会显著下降。

4.2.2　计算阶比跟踪技术

计算阶比跟踪技术是 HP 公司的 Potter 开发的[12-13]，其基本思想是分别对振动信号和转速信号采样，然后通过数字信号处理软件实现等角度间隔的采样。这类方法的优点是无须添加其他硬件，用常规的采集仪结合软件编程即可实现阶比跟踪。

该算法的关键是根据同步采样获得的振动信号和转速脉冲信号获得等角度的采样信号。由数据采集仪以恒采样率同时对振动和转速脉冲信号进行等时间采样，得到双通道时域同步信号。其中，后者用于估计转速，并对前者进行等角度划分，以获取振动信号等角度采样的时刻序列。对时域数据在各个等角度时刻进行幅值插值拟合，最终获得角域重采样振动信号。其实现原理如图 4.3 所示。

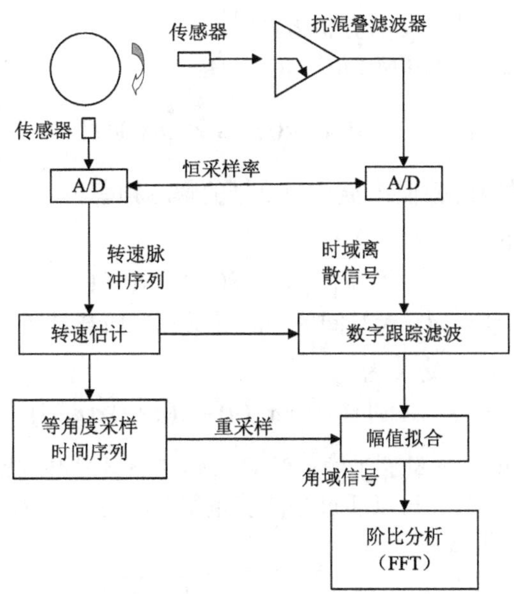

图 4.3　计算阶比跟踪技术实现原理

4.2.3 无转速计阶比跟踪技术

无论是硬件阶比跟踪还是计算阶比跟踪，都需要通过专门的硬件获取转速脉冲信号。对于有些不便安转速传感器的场合，两者就都难以奏效。无转速计阶比跟踪直接从振动信号中提取转速信息，不受地点和场合限制。其基本思想是首先对信号进行时频分析，获得参考轴瞬时频率函数 $f_i(t)$ ，根据 $n_i(t)=60f_i(t)$ 获得参考轴的转速函数；然后，经过与阶比跟踪计算类似的重采样过程得到等角度采样的数据。获得参考轴瞬时频率 $f_i(t)$ 是无转速计阶比跟踪技术的关键技术问题，也是本节的重点研究内容。

无转速计阶比跟踪方法的核心思想是从振动信号中获取转速信息，即获得信号的瞬时频率。瞬时频率估计（instantaneous frequency estimation，IFE）方法主要分为相位法、时频分布（time-frequency distributions，TFD）法和 HHT 法。本章研究了基于 HHT 的瞬时频率估计方法及基于 Teager 能量算子（Teager energy operator，TEO）的瞬时频率估计方法，并对二者进行了对比分析。

1. 基于 HHT 的瞬时频率估计

基于 HHT 的瞬时频率估计方法的具体实现见 3.3 节。

2. 基于 TEO 的瞬时频率估计

调幅调频信号是幅度和频率都随时间变化的调制信号。旋转机械故障诊断中，故障引发的振动信号往往表现为调制形式。TEO 是 Teager 在研究非线性语音建模时引入的一个数学算法，可以解调出信号的幅值和瞬时频率，用于分析和跟踪窄带信号的能量[14]。能量算子的数学计算方法非常简单，并且具有非线性的跟踪信号能量特性。解调分析是机械故障诊断中的一种常用信号分析方法[5]。

对于任意一个连续 AM-FM 信号 $x(t)$ ，有

$$x(t)=a(t)\cos[2\pi\int_0^{\tau}\omega(t)\mathrm{d}\tau] \tag{4-5}$$

式中， $a(t)$ 为信号的瞬时幅值； $\omega(t)$ 为信号的瞬时频率。

TEO 的定义如下：

$$\psi\left[x(t)\right]=[\dot{x}(t)]^2-x(t)\ddot{x}(t) \tag{4-6}$$

式中， $\dot{x}(t)$ 和 $\ddot{x}(t)$ 分别为 $x(t)$ 对时间的一阶导数和二阶导数。

对于离散形式，TEO 定义为

$$\psi\left[x(n)\right]=x^2(n)-x(n+1)x(n-1) \tag{4-7}$$

由此可见，每一瞬时能量算子的计算只需要三个采样点，就可以具有很好的瞬时性。对于连续的 AM-FM 信号，可以通过分离能量得到瞬时频率 $f(t)$ 和瞬时幅值 $a(t)$ ，其估计表达式如下：

$$f(t)\approx\frac{1}{2\pi}\sqrt{\frac{\psi\left[\dot{x}(t)\right]}{\psi\left[x(t)\right]}} \tag{4-8}$$

$$a(t) \approx \frac{\psi[x(t)]}{\sqrt{\psi[\dot{x}(t)]}} \tag{4-9}$$

对图 4.4（a）所示的扫频信号进行能量算子解调，解调结果如图 4.4（b）所示。从图 4.4（b）中可见，TEO 解调可以跟踪扫频信号的频率变化情况。

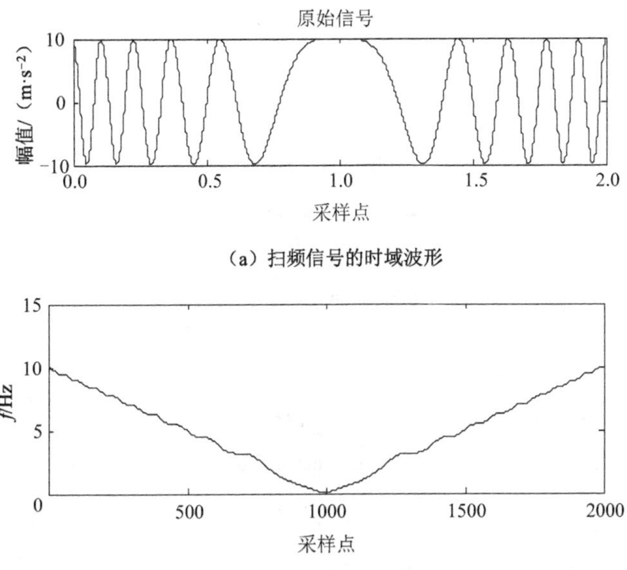

（a）扫频信号的时域波形

（b）TEO 频率解调结果

图 4.4　HHT 和 TEO 方法的对比分析

3. 仿真分析

对 3.1.1 节中定义的单分量仿真信号 $s_1(t)$ 进行 TEO 解调和 HHT 瞬时频率估计，实验结果如图 4.5 所示。从图中可以看出，两种方法都可以实现对单分量信号 $s_1(t)$ 的频率跟踪。

图 4.6 所示为采用两种方法对 3.3.3 节中定义的添加了冲击成分的仿真信号 $s_5(t)$ 进行分析的实验结果。

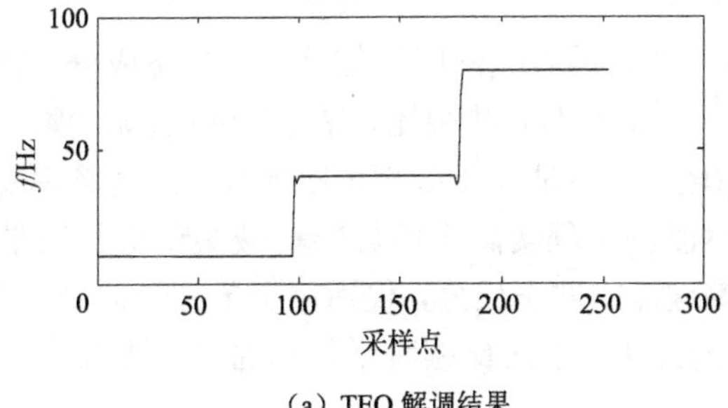

（a）TEO 解调结果

图 4.5　TEO 和 HHT 方法解调结果对比

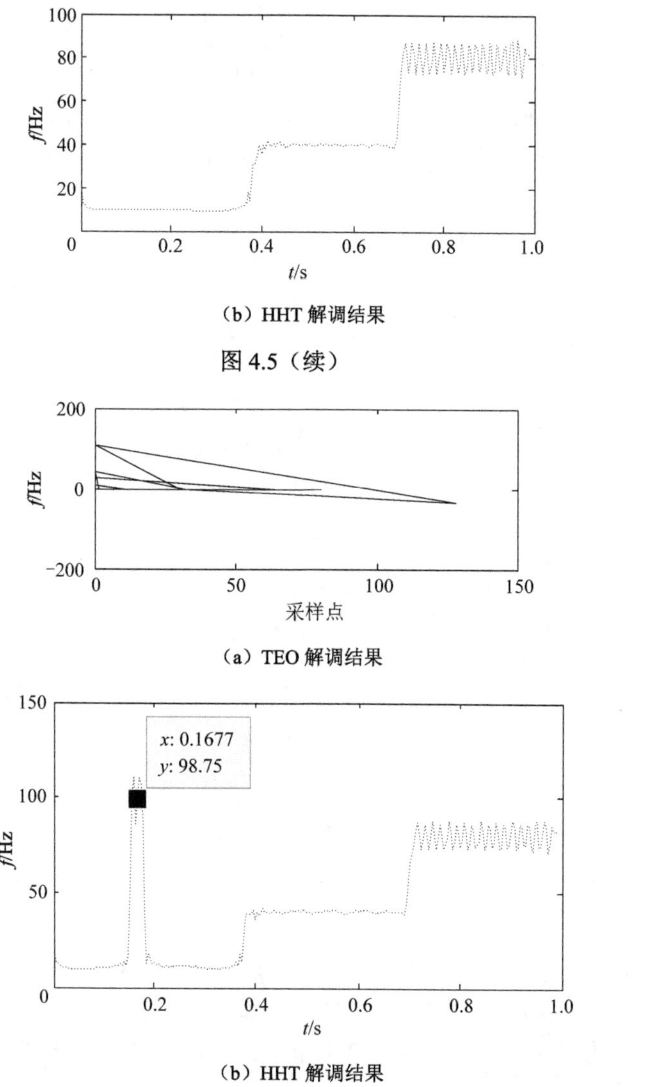

（b）HHT 解调结果

图 4.5（续）

（a）TEO 解调结果

（b）HHT 解调结果

图 4.6　TEO 和 HHT 方法的解调结果对比

从图 4.5 和图 4.6 可知，前者无法跟踪信号中的暂态成分，而后者则可以很好地提取这种冲击成分。与基于 HHT 的方法相比，基于 TEO 解调的瞬时频率估计方法不需要进行复数计算，计算量较小，更适用于处理信噪比高、瞬时频率变化较缓慢的调幅调频信号瞬时频率计算。然而，工程实际中的旋转机械振动信号经常夹杂着冲击成分，而 TEO 解调方法无法跟踪这样的冲击成分，仅适用于单分量信号。因而，本章选择采用基于 HHT 瞬时频率估计的方法实现阶比跟踪中转速曲线的跟踪。

4.3　基于 EEMD 瞬时频率估计的无转速计阶比跟踪分析

4.3.1　角域重采样

基于时频分析的转速估计算法的原理是从振动信号的时频表达中识别出与瞬时转频直接相关的时频分量并将其作为瞬时频率的估计量加以提取，以此获得转速信息。首先，对振动信号进行时频分析，计算参考轴瞬时频率函数 $f_i(t)$，并根据转频与瞬时频率的关系获得转频随时间的变化规律 $n_i(t)=60f_i(t)$；其次，以转频随时间的变化规律为基础确定键相时标；最后，经过重采样过程得到等角度重采样的数据。获得参考轴瞬时频率 $f_i(t)$ 是无转速计阶比跟踪技术的关键技术问题。IFE 是基于瞬时频率估计的无转速计阶比跟踪方法的关键。本章提出的基于 EEMD 瞬时频率估计的无转速计阶比分析方法的实现流程如图 4.7 所示。

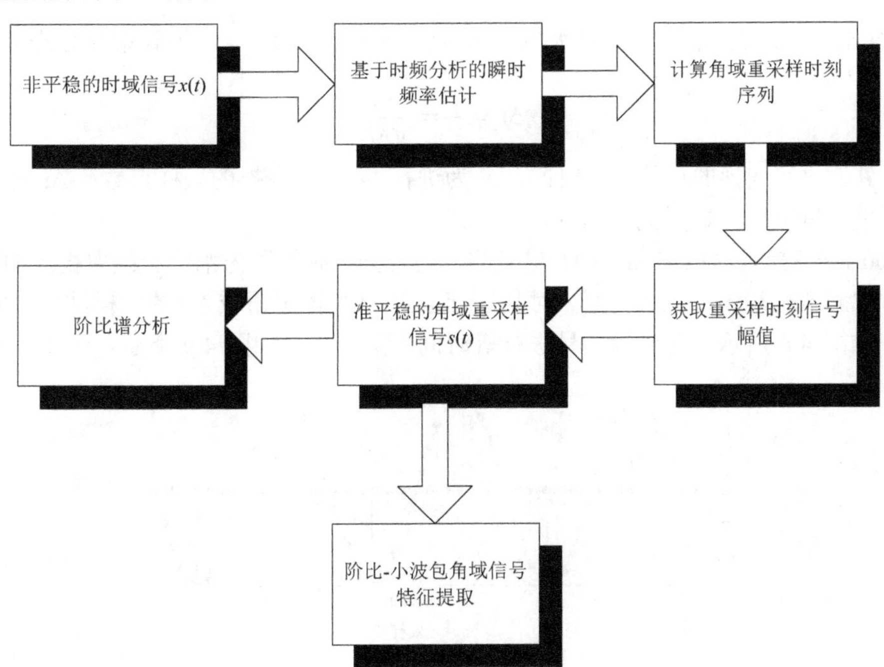

图 4.7　基于 EEMD 瞬时频率估计的无转速计阶比分析方法的实现流程

1. 时域采样

为了保证在模拟信号转变为数字信号过程中不丢失原始信息，避免频率混叠，在时域进行等间隔采样时必须要满足采样定理，即保证采样频率不小于模拟信号最高频率的两倍，如下：

$$f_s = 2f_{max} \tag{4-10}$$

式中，f_s 为采样频率；f_{max} 为信号的最高频率。

但在实际工程应用中，采样频率不能无限高地设定，事实上也不需要无限高，因为一般情况下只考虑一定频率范围内的信号成分。所以，在将模拟信号转变为数字信号之前，可以人为地添加一个低通滤波器，限制模拟信号的最高频率，滤除高于 1/2 采样频率的信号成分。该低通滤波器称为抗混叠滤波器[15]，可以用来阻止高于 $f_{\max}$ 的频率分量的进入，避免在重采样过程中出现频率混叠现象。

对于等时间采样来说，采样时间间隔 Δt，即采样的时间分辨率为

$$\Delta t = \frac{1}{f_{\mathrm{s}}} \tag{4-11}$$

用于离散信号时域和频域变换的工具是离散 Fourier 变换，离散 Fourier 变换定义为

$$X(k) = \sum_{n=1}^{N} x(n)\mathrm{e}^{\frac{\mathrm{j}2\pi nt}{N}} \tag{4-12}$$

式中，$x(n)$ 为第 n 个离散时间采样数据；$X(k)$ 为频域上第 k 个采样点的值；N 为进行 Fourier 变换的点数。

Fourier 变换得到的频谱的最大频率为 $\frac{F_{\mathrm{s}}}{2}$，分隔点数为 $\frac{N}{2}$，得到频率分辨率如下：

$$\Delta f = \frac{1}{T} = \frac{1}{N\Delta t} \tag{4-13}$$

式中，T 为进行变换的总的采样时间；N 为进行 Fourier 变换的采样点数；Δt 为离散时间采样的时间间隔，即时间分辨率。

Fourier 变换是以恒定 Δt 和 Δf 定义的，适合分析时间段内幅值和频率稳定的数据。对于频率和幅值稳定的正弦信号，对其进行恒定 Δt 和恒定角域 $\Delta\theta$ 的采样结果是完全一样的，如图 4.8 所示。对变频信号进行等时间间隔采样，如图 4.9 所示，无论信号如何

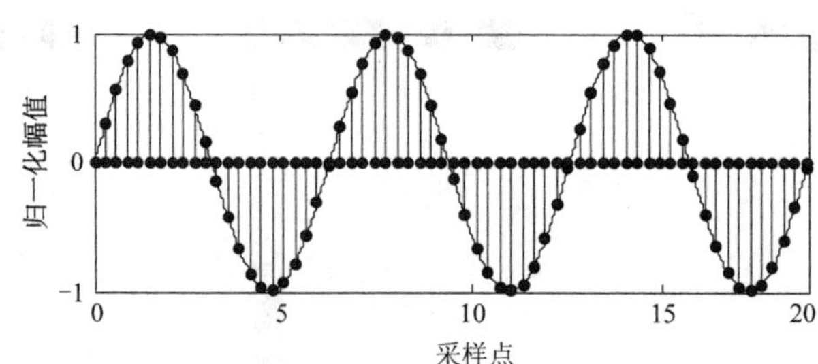

图 4.8　对频率不变的正弦信号进行等时间间隔采样

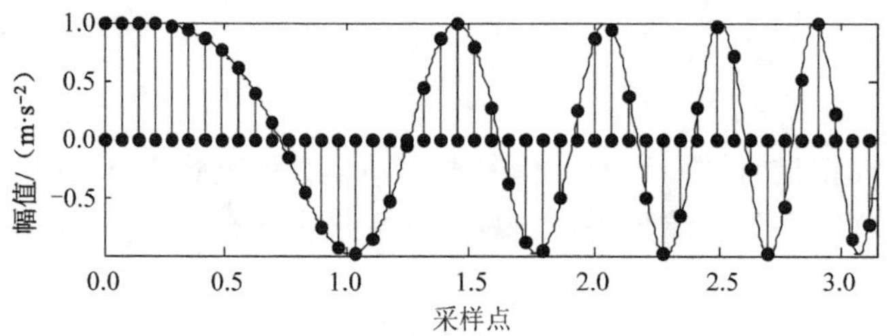

图 4.9　对变频信号进行等时间间隔采样

变化，单位时间内的采样点数是固定不变的，当转速变化快时，采样密度变低；而在信号变化不明显时，采样密度很高，说明等时间间隔采样对于变频信号而言会出现欠采样及过采样情况，因而不能对这类信号进行有效分析。

2. 瞬时频率估计

以线性扫频信号为例进行瞬时频率估计，结果如图 4.10 所示。

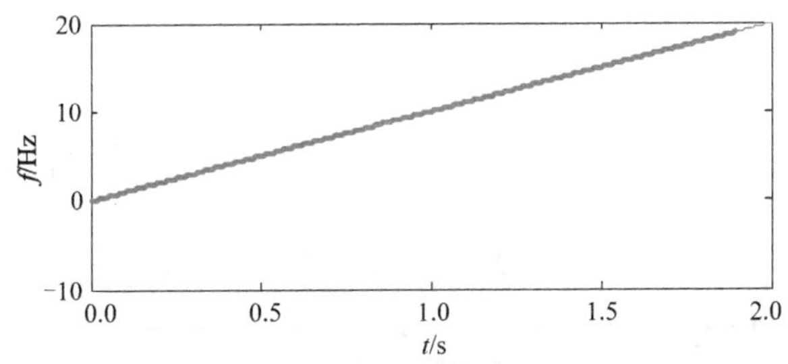

图 4.10　线性扫频信号的瞬时频率估计曲线

由瞬时频率与转频的关系可得转速曲线，如图 4.11 所示。

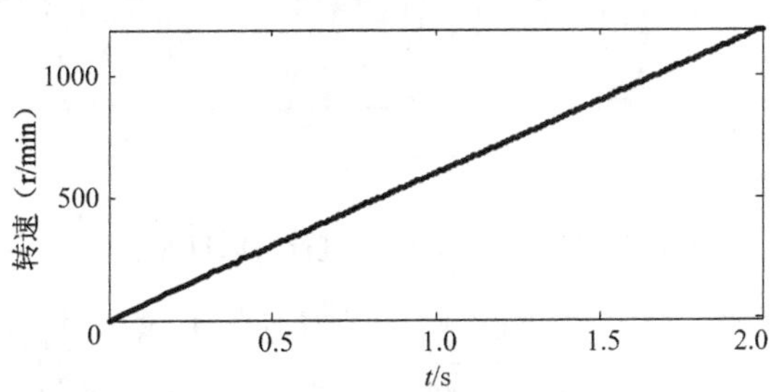

图 4.11　线性扫频信号的转速曲线

3. 角域重采样

阶比跟踪要求对振动信号进行角域的等间隔采样，即采样的频率变化要与参考轴转速的变化一致。经过重采样后，振动信号由等时间间隔 Δt 序列 $x(t)$ 变为等角度间隔 $\Delta\theta$ 序列 $x(\theta)$，使其转换到角域的离散信号[12,16]。首先，需要确定等角度发生的时刻；然后，通过拟合插值的方式确定各等角度时刻的幅值大小。

下面首先对时域振动信号进行拟合子区间划分，并假定在每一小段区间内信号的转速保持不变；其次，确定信号的降采样率，并依据信号的瞬时频率变化情况计算重采样等角度间隔，依据确定的等角度采样间隔，从时域信号中求得重采样的时刻序列及重采样时刻信号的幅值序列，最终获得振动信号在角域内的重采样信号。

角度与时刻的关系如图 4.12 所示。

对于频率变化的信号，用恒定 Δt 和恒定 $\Delta\theta$ 采样数据结果是截然不同的。图 4.13～图 4.15 是对正弦扫频信号分别进行等时间采样和等角度采样的实验结果，其中标号“*”代表等时间采样序列点，标号“○”代表等角度采样序列点。从图 4.14 可以看出，随着信号频率的增加，等角度采样点数也逐渐变密，即采样频率随着信号频率的增大而增大；从图 4.13 可以看出，等时间采样点的密度是保持不变的，即采样频率保持恒定。

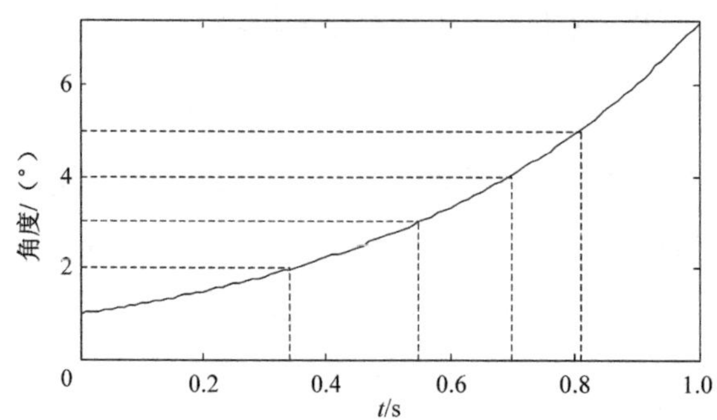

图 4.12　角度与时刻的关系

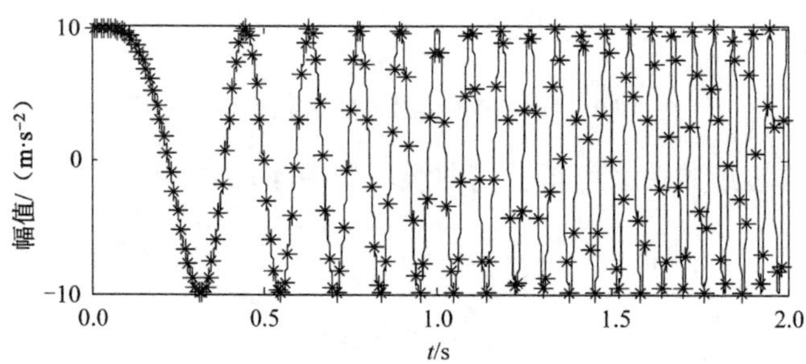

图 4.13　对变频信号进行等时间采样

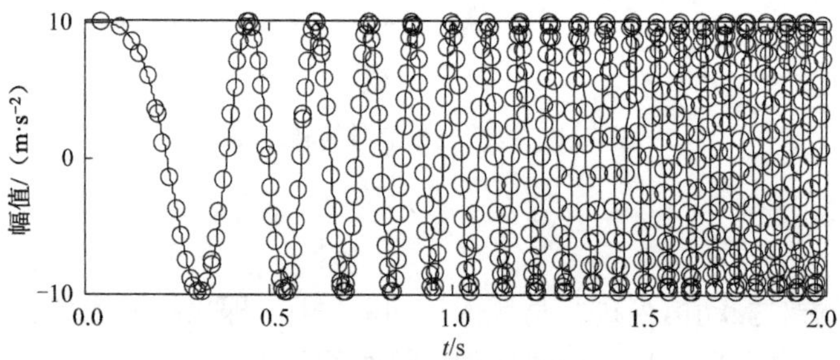

图 4.14　对变频信号进行等角度采样

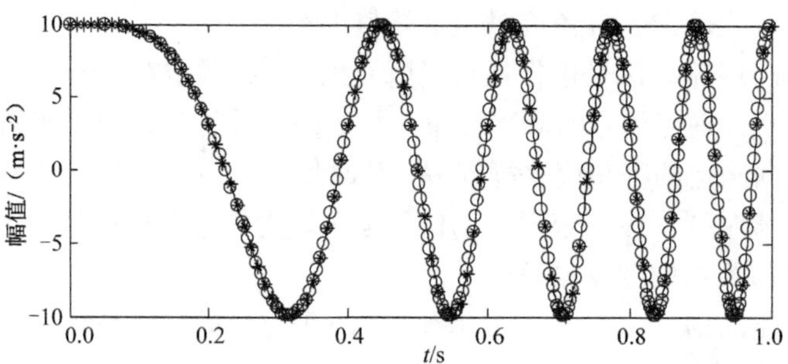

图 4.15　分别对变频信号进行等时间采样和等角度采样

由瞬时频率与转频的关系可得转速曲线，如图 4.16 所示。

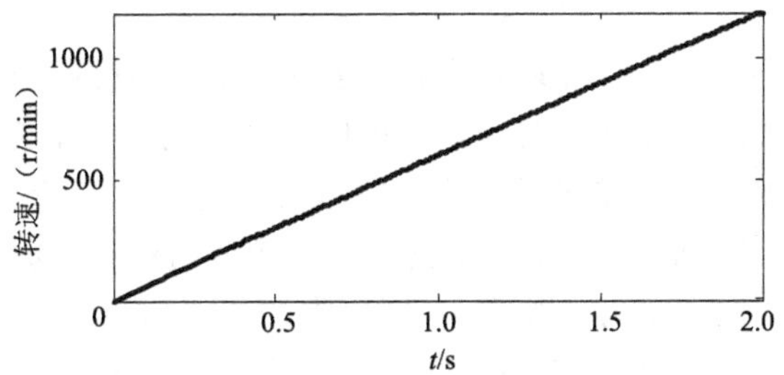

图 4.16　线性扫频信号的转速曲线

根据瞬时频率计算出角域重采样对应的时刻序列，如图 4.17 所示。

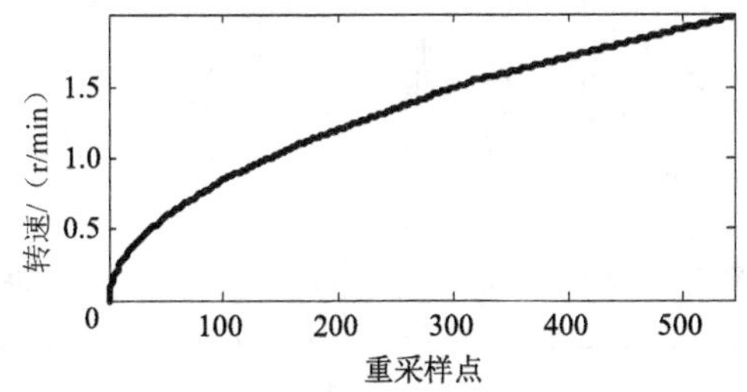

图 4.17　线性扫频信号重采样时刻序列

根据重采样时刻序列，求得信号对应的幅值，将时域非平稳信号转换为角域平稳信号，重采样前后的信号分别如图 4.18 和图 4.19 所示。

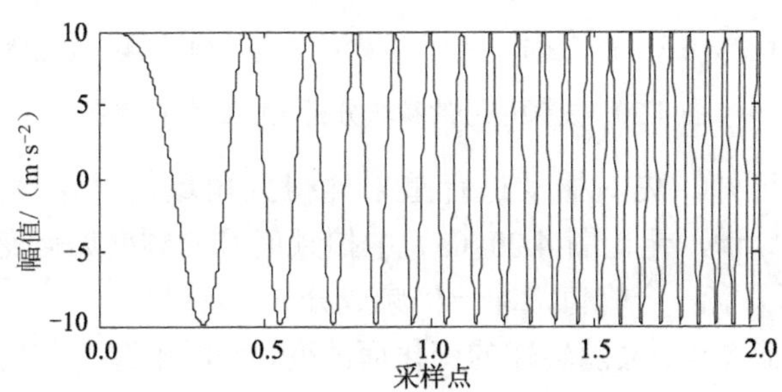

图 4.18　线性扫频信号时域采样

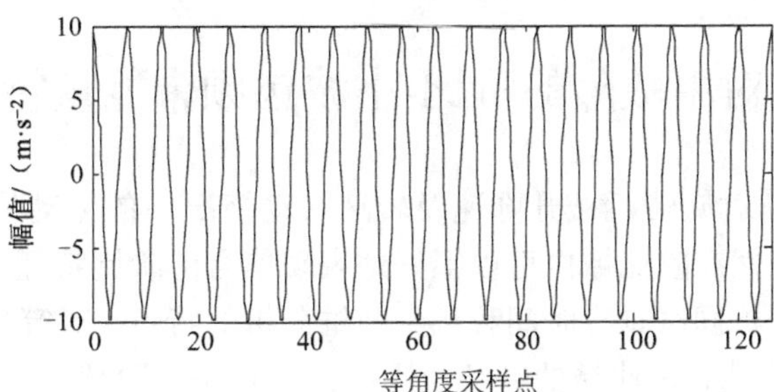

图 4.19　线性扫频信号角域重采样

4.3.2 阶比谱分析

计算出阶比重采样时刻后，对原振动信号进行重抽，即可得到等角度采样间隔的角域信号；对角域信号进行 FFT 频谱分析，就可以得到等角度重采样信号，即阶比谱。阶比谱分析得到的结果相对于频域来说又称阶比域（或角域），在数学上两者是一样的，但在物理意义上又有所区别。下面以一仿真信号为例说明对旋转机械升降速过程的非平稳信号进行阶比谱分析的有效性。构造一个扫频信号，采样频率为 1000Hz，采样时间为 2s，信号的频率变化范围为 0～20Hz，模拟旋转机械升速信号，变频信号的频域分析及阶比分析谱图如图 4.20 所示。

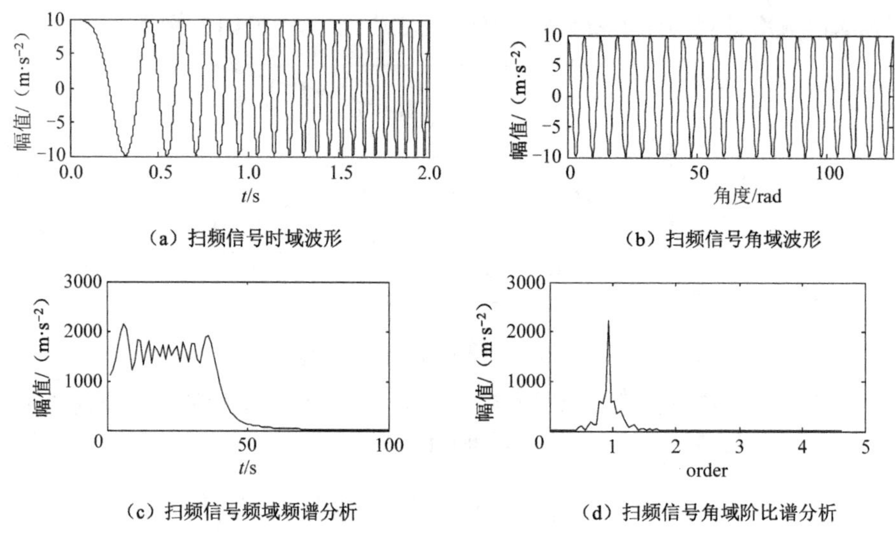

（a）扫频信号时域波形　　（b）扫频信号角域波形

（c）扫频信号频域频谱分析　　（d）扫频信号角域阶比谱分析

图 4.20　变频信号的频域分析及阶比分析谱图

观察图中曲线可知，先对振动进行重采样得到角域信号，然后对角域信号进行 Fourier 变换得到阶比谱，无论图 4.20（a）中扫频信号的频率如何变化，其对应的阶比谱图 4.20（d）中都只有一个峰值，即一倍频成分。

阶比谱中的特征频率不会随转速的变化而改变，同时消除了与转速无关的频率成分和随机噪声，突显与转速有关的故障特征频率，排除了由转速变化引起的谱线模糊和信号畸变现象，因而对于旋转机械的故障特征分析具有重要意义。

4.4 不对中故障的阶比-小波包频带能量特征提取

阶比跟踪分析是对旋转机械升降速及转速波动情况下的振动信号进行分析的一种有效方法。阶比谱虽然在阶比域内可以很好地表现信号的阶比特征，但却不包含任何角域信息，而小波包分析同时具有时间和频率两维分析的特点，对等角度重采样信号进行分析可以同时体现角域和阶比域的特征。因此，本章采用阶比-小波包分析方法对转子不对中故障进行特征提取，以突出故障的本质特征，提高故障诊断的准确性。

该算法实现步骤如下。

步骤 1　对时域振动信号进行重采样分析，获得角域准平稳信号。

步骤 2　对角域准平稳信号进行四层小波包分解及重构，将第四层上的 16 个节点用于分析。

步骤 3　计算第四层各频带振动信号能量及总能量，并据此计算出各节点的频率能量比例。

4.4.1　基于瞬时频率估计的不对中故障阶比跟踪分析

下面利用基于 HHT 瞬时频率估计方法对转子不对中故障数据进行阶比跟踪分析，以验证算法的有效性。利用 3.5.1 节中所述的实验台，分别采集健康状态下、轻度及重度不对中状态下的三种升速振动信号并进行分析。首先，从振动信号中提取转速信号；然后，利用转速信号对振动信号进行等角度采样，得到角域准平稳信号。

图 4.21 是采集到的转子在系统轻度不对中程度下的升速信号时域波形，在这一过程中，转速由 650r/min 升至 1100r/min。利用本节算法，从升速信号中提取出转速信息，如图 4.22 所示。

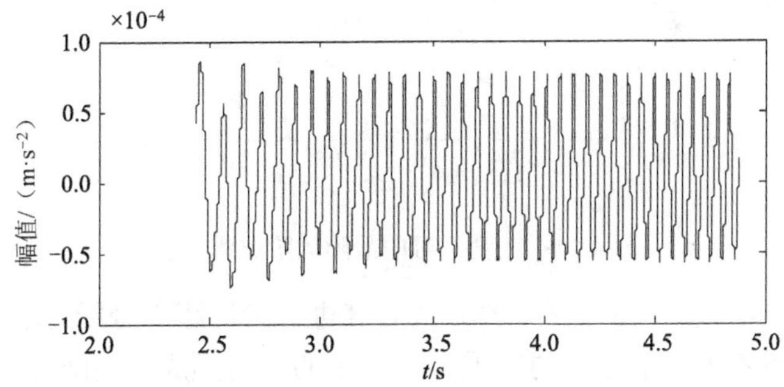

图 4.21　转子在系统轻度不对中程度下的升速信号时域波形

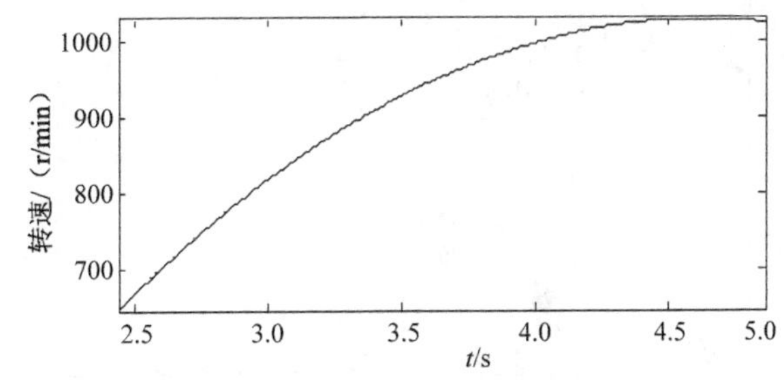

图 4.22　基于瞬时频率估计的转速曲线

进一步地，由转速曲线计算等角度采样时刻序列，如图 4.23 所示；同时，估算等角度采样序列，得到角域重采样信号，对其进行频谱分析，如图 4.24 所示。

在转子振动信号的实验分析中，发现转速对振动信号的影响比较明显，较高的转速一般会使信号的振幅增大，相应的噪声会更强，分析的难度会加大。从图 4.24 可见，信号中分别有幅值较大的一倍频和相对较小的二倍频成分，这与前述不对中故障的频率特征相吻合，说明系统出现了不对中故障。

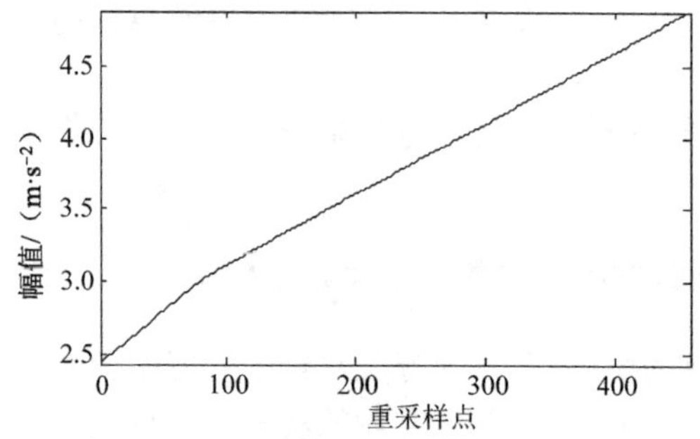

图 4.23　角域重采样时间序列点

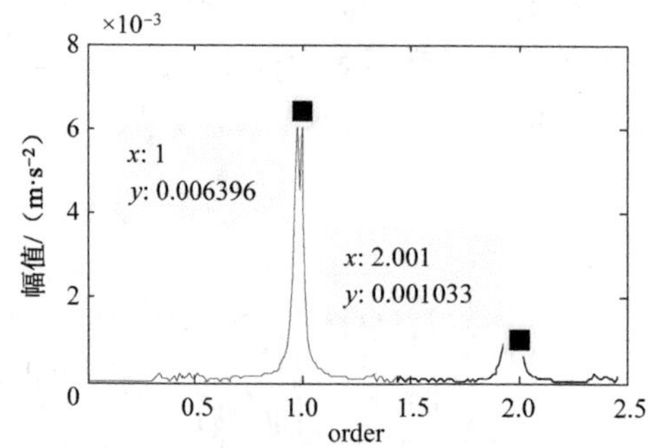

图 4.24　轻度不对中故障的阶比谱分析

当不对中程度加重时，利用同样的方法对其进行阶比跟踪分析，结果如图 4.25 所示。实验结果表明，随着不对中程度的加重，信号中的二倍频成分会随之加大。

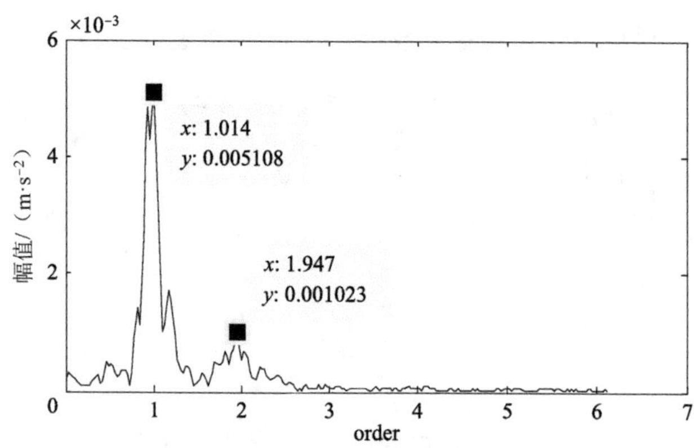

图 4.25　重度不对中故障的阶比谱分析

4.4.2　小波包频带能量特征提取

分别对其进行四层小波包分解，在第四层上得到(4,0),(4,1),⋯, (4,15)共 16 个小波包重构信号分量。利用不同频带上的能量占信号总能量的百分比对每组信号进行对比分析，做出小波包分解的能量分布柱状图，如图 4.26 和图 4.27 所示。从图 4.26 和图 4.27 中可见，两种情况下的阶比小波包频带能量分配有明显差别，说明本章提出的方法都能对旋转机械升降速信号进行有效的特征提取。

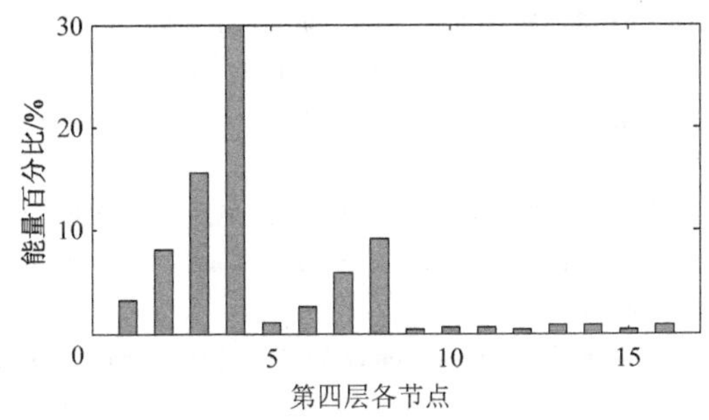

图 4.26 轻度不对中信号的小波包频带能量分布柱状图

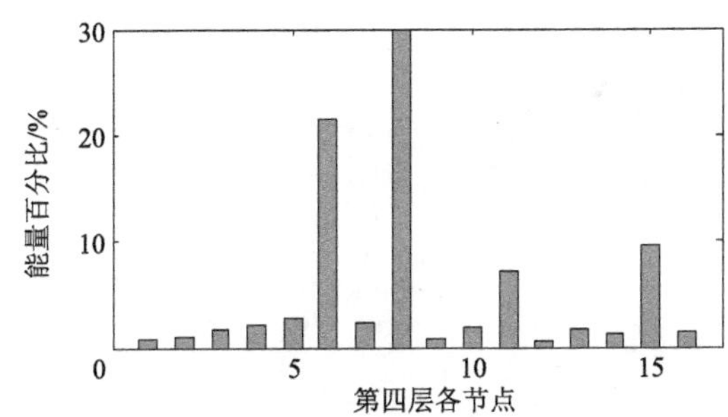

图 4.27 重度不对中信号的小波包频带能量分布柱状图

本 章 小 结

本章对传统的硬件阶比跟踪技术与计算阶比跟踪技术进行了阐述，分析了硬件阶比跟踪技术的不足之处，并针对此问题深入研究了时频分析阶比跟踪分析技术的原理及实现方法。本章提出了一种基于瞬时频率估计的阶比跟踪分析方法，直接从时域振动信号中提取转速信息，实现角域重采样，减少了特征点的丢失，在处理变速信号时有效消除了转速波动带来的影响。针对旋转机械升降速信号的特点，本章提出了采用阶比-小波包分析提取故障特征向量的方法，实验结果表明该方法是有效的。

参 考 文 献

[1] 徐敏强，黄文虎，张嘉钟. 旋转机械高速启动过程振动信号分析方法的研究[J]. 振动工程学报，2000，13(2)：216-221.

[2] 李志农，丁启全，吴昭同，等. 旋转机械升降速过程的双谱-FHMM 识别方法[J]. 振动工程学报，2003，16(2)：171-174.

[3] 文红举. 基于计算机的阶比分析关键技术研究[D]. 上海：上海大学，2006.

[4] BOSSLEY K M, MCKENDRICK R J, HARRIS C J, et al. Hybrid computed order tracking[J]. Mechanical Systems and Signal Processing, 1999, 13(4): 627-641.

[5] 郭瑜，秦树人. 无转速计旋转机械升降速振动信号零相位阶比跟踪滤波[J]. 机械工程学报，2004，40(3)：50-54.

[6] BLOUGH J R, BROWN D L, VANKARSEN C. Independent operating shape determination on rotating machinery, based on order track measurements[C]// Proceedings of SPIE - The International Society for Optical Engineering,1998: 3243.
[7] 张祥春. 面向旋转机械的虚拟式阶比分析仪的研究[D]. 重庆：重庆大学，2006.
[8] 纪跃波，郭瑜. 阶比分析技术的发展应用与展望[J]. 现代制造工程，2007(11)：123-126.
[9] 张正松，傅尚新，冯冠平，等. 旋转机械振动监测及故障诊断[M]. 北京：机械工业出版社，1991.
[10] 韩捷，张瑞林. 旋转机械故障机理及诊断技术[M]. 北京：机械工业出版社，1997.
[11] 盛兆顺，尹琦岭. 设备状态监测与故障诊断技术及应用[M]. 北京：化学工业出版社，2003.
[12] BOSSLEY K M, MCKENDRICK R J HARRIS C J, et al. Hybrid computed order tracking[J]. Mechanical Systems and Signal Processing, 1999, 13(4): 627-641.
[13] 赵晓平. 旋转机械阶比分析研究与软件实现[D]. 南京：南京航空航天大学，2009.
[14] TEAGER H M. Some observations on oral air flow during phonation[J]. IEEE Transactions on Acoustics, Speech, and Signal Processing, 1980, 28(5): 599-601.
[15] FYFE K R, MUNCK E D S. Analysis of computed order tracking[J]. Mechanical Systems and Signal Processing, 1997, 11(2): 187-205.
[16] 屈梁生. 机械故障的全息诊断原理[M]. 北京：科学出版社，2007.

第 5 章　基于 LMD 能量投影法的故障诊断

机械零部件的振动信号中夹杂了复杂的背景噪声，同时也耦合了其他部件产生的振动信号，构成复杂，表现出多尺度性。在旋转过程中，这些频率成分的幅值和频率又会受到周期性冲击力的调制。因此，旋转机械故障振动信号实际上是一种非平稳的多分量调幅-调频信号。要从这类信号中提取出故障特征，以 STFT、Wigner-Ville 分布、小波变换等为代表的传统时频分析方法存在着一定的局限性。HHT 方法是一种有别于传统时频分析观念的新型时频分析方法，具有真正意义上的自适应性，自提出后，在机械故障诊断等很多领域都得到了应用。但是，HHT 在理论上还存在一些问题，如 EMD 方法中的过包络、欠包络、模态混淆和端点效应，以及在利用 Hilbert 变换提取幅值调制和频率调制信息时，会产生边缘效应和无法解释的负频率问题。这些都会影响到对具有多分量调幅-调频特点的旋转机械故障振动信号的正确分析。针对上述问题，本章提出将 LMD 方法引入旋转机械故障振动信号的分析与处理中，提出了一种基于 LMD 和能量投影计算的故障特征提取方法。另外，不同于以往研究，本章没有将 LMD 分解后各 PF 分量的能量或能量比作为特征，而是基于 LMD 分解结果重构目标的窄带信号并从中获取特征，提出了一种局部投影能量特征的计算方法。该方法对故障类型信息敏感，识别精度高，并且简单易行，计算量小，能够获得更好的实时性。

5.1　LMD

5.1.1　LMD 方法

LMD 方法能将复杂的多分量信号分解为一系列单分量的纯调幅-调频信号，即 PF 分量[1]。在许多学科领域中都存在调幅-调频信号，而能够反映这些学科某些重要性质的特征量往往就包含在这类信号的幅值或频率调制信息中。LMD 方法将声信号根据其固有的波动模式特征自适应地逐级分离，通过多次筛选，分解为平稳的 PF 分量之和。这些 PF 分量突出原始信号的某些局部特征，同时在分解过程中端点效应减轻，而且可以避免过包络等现象，因此在处理非平稳非线性信号时表现出更强的分析能力，目前在机械故障信号的分析中应用较多[2-5]。采用 LMD 算法将声信号分解为不同时间尺度 PF 分量的步骤如下。

算法 5.1　LMD 自适应分解算法

输入：机械传动件的振动信号。

输出：不同尺度上的 PF 分量。

步骤 1　确定信号 $X(t)$ 所有的局部极值点 e_i，计算所有相邻局部极值点的平均值 m_i 及相邻局部极值点的包络估计值 a_i，有

$$m_i=\frac{e_i+e_{i+1}}{2},\quad a_i=\frac{|e_i-e_{i+1}|}{2} \tag{5-1}$$

分别将 m_i 和 a_i 用直线连接起来，并采用滑动平均法进行平滑处理，得到局部均值函数 $m_{11}(t)$ 及包络估计函数 $a_{11}(t)$。

步骤 2　将局部均值函数 $m_{11}(t)$ 从原始信号 $X(t)$ 中分离出来，得到滤除低频信号的 $h_{11}(t)$，并对 $h_{11}(t)$ 进行解调，得到 $s_{11}(t)$，如下：

$$h_{11}(t)=X(t)-m_{11}(t) \tag{5-2}$$

$$s_{11}(t)=\frac{h_{11}(t)}{a_{11}(t)} \tag{5-3}$$

步骤 3　依据经验确定迭代动量项 $\varDelta$。

步骤 4　检查 $s_{11}(t)$ 是否为一个纯调频信号，即其包络估计函数 $a_{12}(t)$ 是否满足 $1-\varDelta\leqslant a_{12}(t)\leqslant 1+\varDelta$。若不满足，则将 $s_{11}(t)$ 作为新的原始信号重复步骤1和2，直至 $s_{1n}(t)$ 为一个纯调频信号，即 $1-\varDelta\leqslant a_{1n}(t)\leqslant 1+\varDelta$，有

$$\begin{cases}h_{11}(t)=X(t)-m_{11}(t)\\ h_{12}(t)=s_{11}(t)-m_{12}(t)\\ \qquad\vdots\\ h_{1n}(t)=s_{1(n-1)}(t)-m_{1n}(t)\end{cases} \tag{5-4}$$

并且

$$\begin{cases}s_{11}(t)=\dfrac{h_{11}(t)}{a_{11}(t)}\\ s_{12}(t)=\dfrac{h_{12}(t)}{a_{12}(t)}\\ \qquad\vdots\\ s_{1n}(t)=\dfrac{h_{1n}(t)}{a_{1n}(t)}\end{cases} \tag{5-5}$$

步骤 5　将迭代过程中产生的所有包络估计函数相乘，得到原始信号的包络信号 $a_1(t)$：

$$a_1(t)=a_{11}(t)a_{12}(t)\cdots a_{1n}(t)=\prod_{q=1}^{n}a_{1q}(t) \tag{5-6}$$

步骤 6　将包络信号 $a_1(t)$ 和纯调频信号 $s_{1n}(t)$ 相乘，得到信号 $X(t)$ 的第一阶 PF 分量 $\mathrm{PF}_1(t)$，有

$$\mathrm{PF}_1(t)=a_1(t)s_{1n}(t) \tag{5-7}$$

$\mathrm{PF}_1(t)$ 包含原始信号中最大尺度的频率成分。

步骤 7　将 $\mathrm{PF}_1(t)$ 从原始信号 $X(t)$ 中分离出来，得到一个新的信号 $u_1(t)$，将 $u_1(t)$ 作为新的原始数据继续分解，直到 $u_n(t)$ 为一个单调函数。

按上述步骤，振动信号可以分解为若干阶 PF 分量和一个残差分量之和，相当于按照从高频到低频的顺序对原始信号进行了滤波，如下：

$$X(t)=\sum_{i=1}^{n}\mathrm{PF}_i(t)+u_n(t) \tag{5-8}$$

式中，残差函数 $u_n(t)$ 为一个单调函数，表示信号的趋势。

5.1.2　分解效果的评价

为进一步定量评价 LMD 及 EMD 的分解效果，选择以分解结果的完备性作为评价指标。原始信号可以通过分解后得到的若干 PF 分量和残余分量重新构造。分解的完备性可由重构信号与原始信号的误差来定义，如下：

$$\mathrm{Err} = \left| \left(\sum_{i=1}^{n} \mathrm{PF}_i + u_n \right) - X \right| \tag{5-9}$$

另外，在理想状态下，多分量信号包含的各个分量应当是完全正交的，而由于端点效应的影响，分解得到的信号各 PF 分量往往无法实现完全正交。信号分解的正交性可以由正交指数来定义，如下：

$$\mathrm{ort} = \frac{1}{2} \sum_{i=1}^{n} \sum_{j=1}^{n} \left| \frac{\mathrm{PF}_i \mathrm{PF}_j}{\sum_t X^2(t)} \right|, \quad i \neq j \tag{5-10}$$

正交指数越低，说明分解方法的端点效应带来的影响越小。上述两个指标对于 EMD 分解方法的定量评价也完全适用。

不失一般性，构造仿真信号 $S(t)$，表达式如下：

$$\begin{aligned} S(t) = {} & [1 + 0.5\sin(5\pi t)]\cos[300\pi t + 2\cos(10\pi t)] \\ & + 4\sin(\pi t^2)\sin(50\pi t) \end{aligned} \tag{5-11}$$

将仿真信号 $S(t)$ 分别进行 EMD 和 LMD 分解，并将分解结果进行重构，如图 5.1 所示。计算两种方法的正交指数和分解误差，如表 5.1 所示。

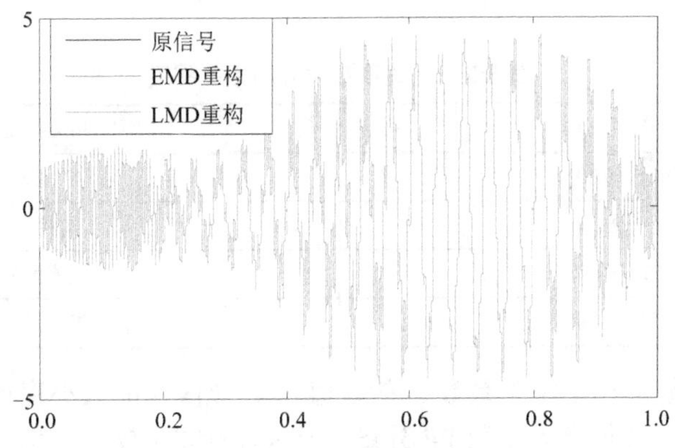

图 5.1　仿真信号 $S(t)$ 的重构

表 5.1　仿真信号的 EMD 和 LMD 分解性能对比

分解方法	分量数目	评价指标	
		正交指数	分解误差
EMD	3	0.0034	4.8806×10^{-12}
LMD	5	0.0033	6.8897×10^{-13}

从表 5.1 可以看出，采用 LMD 方法对仿真信号进行分解，无论是正交指数 ort 还是分解误差 Err 均优于 EMD 方法。

5.1.3　基于加权优化的 PF 分量重构

由于受到包络估计函数、白噪声幅值系数、聚合迭代次数等参数选择的影响，LMD 分解结果中不可避免地存在虚假分量，需要将其剔除。另外，如果将全部 PF 分量用于分析，则会产生信息冗余问题，计算量也会相应增大。但如果将某个 PF 分量直接用于分析可能会造成特征信息的遗漏，因此本书提出了一种 PF 分量的加权优化方法，依据各 PF 分量与原始振动信号的相关性大小选定 PF 分量，并进行加权重构。原始信号经过 LMD 分解后会获得一系列 PF 分量，各 PF 分量从不同尺度上反映了原始信号的成分信息，而二者之间的相关系数 C 可用于度量该 PF 分量携带有用信息的程度。C 值越大说明其与原始信号相关性越强，所含有的特征信息越多。利用算法 5.1 对机械故障振动信号 $X(t)$进行 LMD 分解，得到 n 个 PF 分量 $\mathrm{PF}_i(t)(i=1,2,\cdots,n)$ 和一个残余分量 $u_n(t)$ 。运用加权优化法重构 PF 分量的过程如下。

算法 5.2　基于加权优化的 PF 分量重构算法

输入：信号 $X(t)$依据算法 5.1 分解后的若干 PF 分量、相关系数阈值。

输出：加权优化的 PF 分量 $\mathrm{PF}_{\mathrm{opt}}$ 。

步骤 1　计算 $\mathrm{PF}_i(t)$ 与振动信号 X(t)的相关系数值 C_i，相关程度如表 5.2 所示。

$$C_i=\frac{\sum_{i=1}^{n}[\mathrm{PF}_i(t)-\overline{\mathrm{PF}_i(t)}][X(t)-\overline{X(t)}]}{\sqrt{\sum_{i=1}^{n}[\mathrm{PF}_i(t)-\overline{\mathrm{PF}_i(t)}]^2[X(t)-\overline{X(t)}]^2}} \tag{5-12}$$

表 5.2　相关系数对应的相关程度

相关系数	相关程度
0.00～±0.30	微相关
±0.30～±0.50	实相关
±0.50～±0.80	显著相关
±0.80～±1.0	高度相关

步骤 2　依据经验设定相关系数 C_i 的阈值 θ_C ，该阈值的大小直接影响重构的结果。如果阈值设置太小，会保留大多数 PF 分量，一些含有非主要特征信息的 PF 分量，甚至虚假分量也会参与重构，弱化了主要特征；如果阈值设置太大，则会滤除一些重要的 PF 分量，造成有用信息的缺失。本章将阈值设置为 0.5，即考虑那些显著相关的 PF 分量，将其用于重构。

步骤 3　若 $C_i \geqslant \theta_C$ ，则保留对应的分量 $\mathrm{PF}_i(t)$ ；否则，丢弃该分量。

步骤 4　重复步骤 1～3，直至对所有的 PF 分量筛选完毕，获得一组新的 PF 分量，计为 $\mathrm{PF}_i'(t)(i=1,2,\cdots,k)$ 。

步骤 5　对保留的 k 个 PF 分量 $\mathrm{PF}_i'(t)$，依据其权重进行优化，重构 PF 分量 $\mathrm{PF}_{\mathrm{opt}}$：

$$\mathrm{PF}_{\mathrm{opt}}=\frac{C_1'}{\sum\limits_{i=1}^{k}C_i'}\times\mathrm{PF}_1'(t)+\frac{C_2'}{\sum\limits_{i=1}^{k}C_i'}\times\mathrm{PF}_2'(t)+\cdots+\frac{C_k'}{\sum\limits_{i=1}^{k}C_i'}\times\mathrm{PF}_k'(t) \tag{5-13}$$

式中，$C_i'(i=1,2,\cdots,k)$ 为对应分量 $\mathrm{PF}_i'(t)$ 的相关系数。

5.2　基于能量投影法的特征提取

不同类型的振动信号在其特征频带内的能量结构会发生改变，可以提供目标的分类特征。与以往研究不同，本书没有将 LMD 分解后各 PF 分量的能量或能量比作为特征，而是从 LMD 分解重构的目标窄带信号中提取特征。过多的特征输入会增加计算量，而且存在的冗余信息也会降低识别精度。针对机械振动信号能量分布的特点，本节提出了一种能量投影特征计算方法。该方法将重构的 $\mathrm{PF}_{\mathrm{opt}}$ 分量的能量投影到均匀分割好的各子频段内，通过能量在各子频段的分布情况获取特征向量。为了尽可能降低特征向量的维数，减小计算量，选择在能量聚集的频段内进行分析。能量投影法不仅缩短了分析数据的长度，计算量小，而且简单易行。对加权优化分量 $\mathrm{PF}_{\mathrm{opt}}$ 求取投影能量，算法的步骤如下。

算法 5.3　基于能量投影法的声信号特征提取算法

输入：加权优化后的信号 $\mathrm{PF}_{\mathrm{opt}}$。

输出：声信号的能量投影特征。

步骤 1　计算 $\mathrm{PF}_{\mathrm{opt}}$ 的频谱 $P(f_i)(1\leqslant i\leqslant M)$，选择频谱中能量集中的频段数据用于分析，选定的频谱特征集记为 $Z(f_i)(1\leqslant i\leqslant L)$，将其重新编号，表示如下：

$$Z(f_i)=\{z_1,z_2,\cdots,z_i,\cdots,z_L\},\ 1\leqslant i\leqslant L \tag{5-14}$$

步骤 2　将 $Z(f_i)$ 等分为 N 个子频段，每一个子频段均含有 m 个数据点，将第 j 个子频段记为 $Z_j(f_i)$（$j=1,2,\cdots,N$，$i=1,2,\cdots,m$），有

$$Z(f)=\left\{\begin{array}{l}\underbrace{z_{11},z_{12},\cdots,z_{1m}}_{z_1},\underbrace{z_{21},z_{22},\cdots,z_{2m}}_{z_2},\cdots,\\ \underbrace{z_{j1},z_{j2},\cdots,z_{jm}}_{z_i},\cdots,\underbrace{z_{N1},z_{N2},\cdots,z_{Nm}}_{z_N}\end{array}\right\},\ 1\leqslant j\leqslant N \tag{5-15}$$

式中，数据点数=Nm；z_{ji} 为第 j 个频段上第 i 个频率点上的能量幅值。

步骤 3　如果不能等分 $Z(f)$ 为 N 个子频段，即最后一个子频段 $Z_N(f)$ 的长度 n 小于 m，有

$$Z(f)=\left\{\begin{array}{l}\underbrace{z_{11},z_{12},\cdots,z_{1m}}_{z_1},\underbrace{z_{21},z_{22},\cdots,z_{2m}}_{z_2},\cdots,\\ \underbrace{z_{j1},z_{j2},\cdots,z_{jm}}_{z_j},\cdots,\underbrace{z_{N1},z_{N2},\cdots,z_{Nn}}_{z_N}\end{array}\right\},\ 1\leqslant j\leqslant N \tag{5-16}$$

式中，数据点数 $=(N-1)m+n$。

若 $n<m$，则将最后一个子频段 $Z_N(f)$ 通过补零的方式补足 m 个数据点，则有

$$Z(f)=\left\{\begin{array}{l}\underbrace{z_{11},z_{12},\cdots,z_{1m}}_{z_1},\underbrace{z_{21},z_{22},\cdots,z_{2m}}_{z_2},\cdots,\\ \underbrace{z_{j1},z_{j2},\cdots,z_{jm}}_{z_j},\cdots,\underbrace{z_{N1},z_{N2},\cdots,z_{Nn},\underbrace{0,0,\cdots,0}_{(m-n)\text{个}0}}_{z_N}\end{array}\right\},\quad 1\leqslant j\leqslant N \tag{5-17}$$

步骤 4 计算子频段 $Z_j(f)$ 的投影能量 E_j，将 $Z(f)$ 频段上的能量投影到每一个子频段上，则每一个子频段上的投影能量 E_j 定义为该频段内所有频率点的能量累加和，有

$$E_j=\frac{1}{m}\left|\sum_{i=1}^{m}z_{ji}\right|^2,\quad 1\leqslant j\leqslant N \tag{5-18}$$

步骤 5 求取信号 $\mathrm{PF_{opt}}$ 在 $Z(f)$ 频段上的全部投影能量，得到投影向量 $[E_1,E_2,\cdots,E_N]$，定义整个频段的总能量为 TE，有

$$\mathrm{TE}=\sum_{j=1}^{N}E_j \tag{5-19}$$

对投影能量进行归一化处理，有

$$V_j=\frac{E_j}{\mathrm{TE}} \tag{5-20}$$

采用上述算法，构造基于能量投影的故障特征向量，记为 $[V_1,V_2,\cdots,V_N]$。

5.3 基于 LMD 能量投影的滚动轴承故障诊断

5.3.1 特征提取

继续在美国凯斯西储大学轴承实验室轴承数据集上进行实验。滚动轴承故障特征提取主要流程如图 5.2 所示。对去噪后的滚动轴承故障振动信号运用 LMD 方法进行分解，得到八个 PF 分量和一个残余分量。执行加权优化的 PF 分量重构算法，分别计算滚动轴承四种工作状态的各 PF 分量与原始滚动轴承故障振动信号的相关系数，表 5.3 给出了取值较大的前五个 PF 分量的相关系数，可见前两个 PF 分量携带了主要信息。图 5.3～图 5.6 分别给出了四种状态的 LMD 分解结果，由于篇幅所限，图中只显示了前五个 PF 分量。经过实验，设定加权优化的 PF 分量重构算法中步骤 2 的相关系数阈值为 0.5，根据加权优化的 PF 分量重构算法选择各个信号中相关系数大于 0.5 的 PF 分量，然后依照式（5-13）进行加权优化，得到重构的加权优化 PF 分量 $\mathrm{PF_{opt}}$。

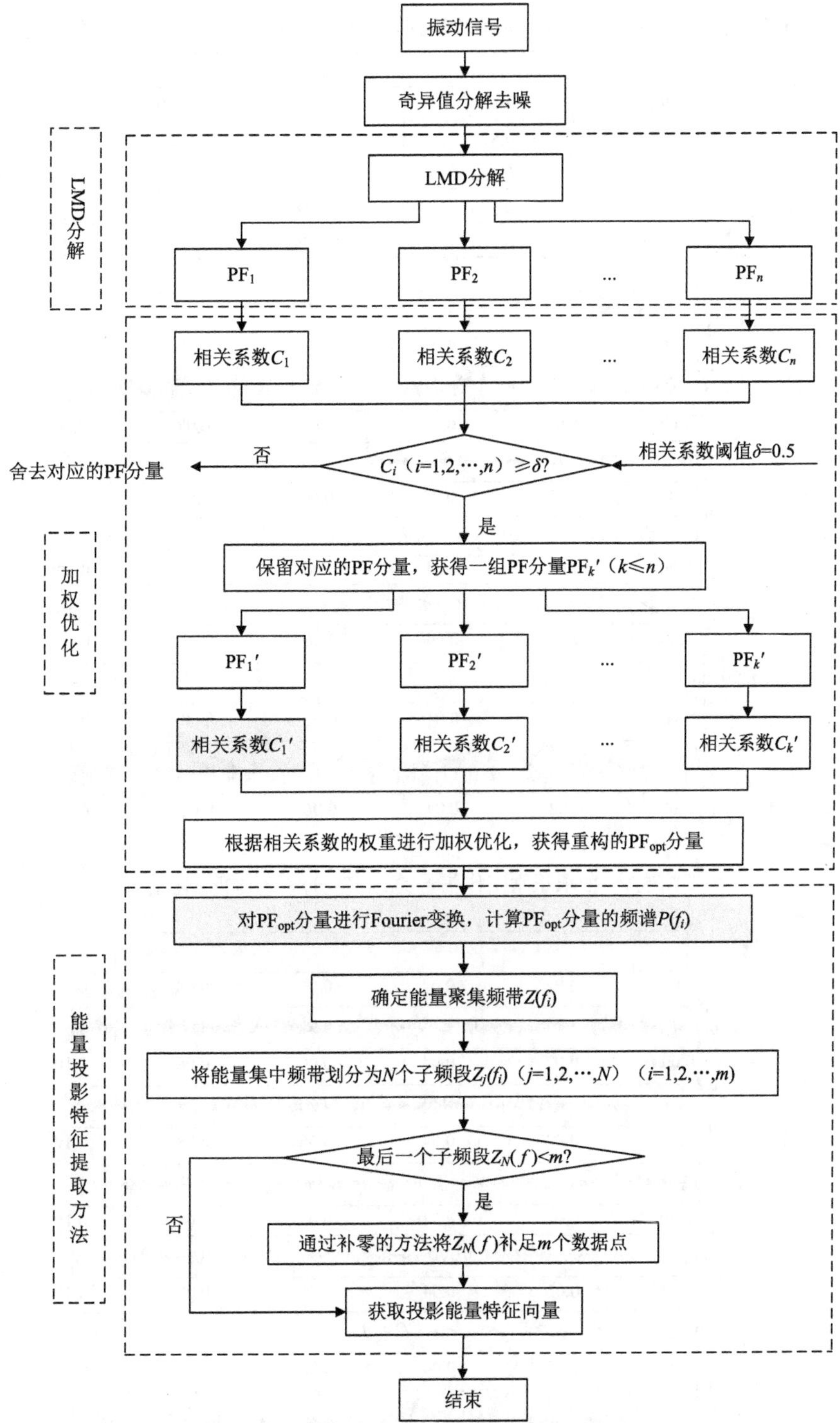

图 5.2　滚动轴承故障特征提取主要流程

表 5.3　轴承正常工作、滚动体故障、内圈故障、外圈故障信号的各 PF 分量与原始信号的相关系数

工作状态	C_i				
	$PF_1(t)$	$PF_2(t)$	$PF_3(t)$	$PF_4(t)$	$PF_5(t)$
正常工作	0.8155	0.5730	0.3783	0.1363	0.0140
滚动体故障	0.9414	0.6321	0.2903	0.1502	0.0055
内圈故障	0.9308	0.5767	0.1618	0.0378	0.0034
外圈故障	0.9846	0.7105	0.3726	0.1455	0.0120

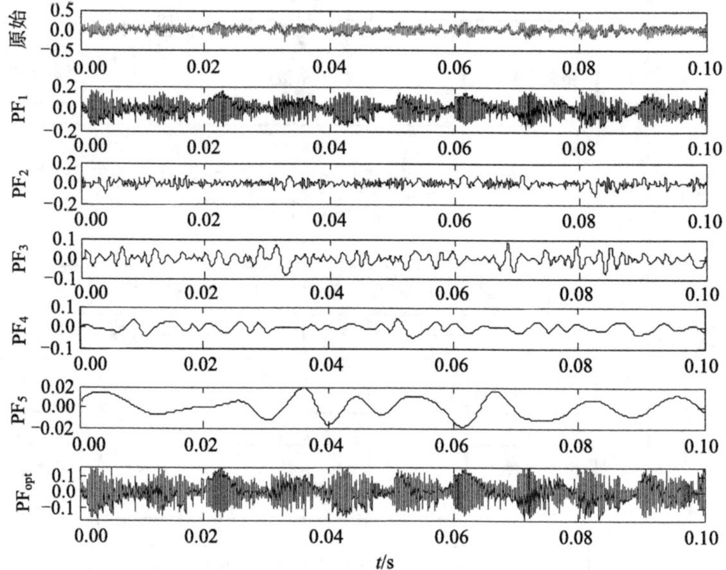

图 5.3　轴承正常工作信号的 LMD 分解及加权优化结果

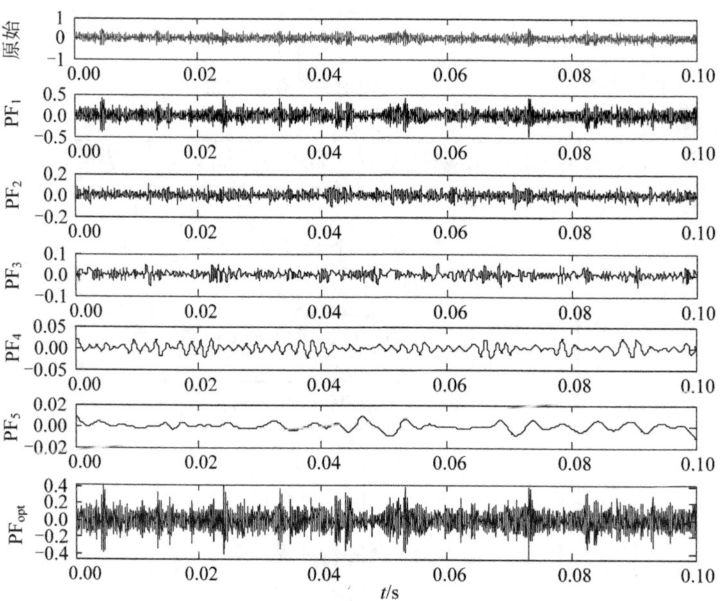

图 5.4　轴承滚动体故障信号的 LMD 分解及加权优化结果

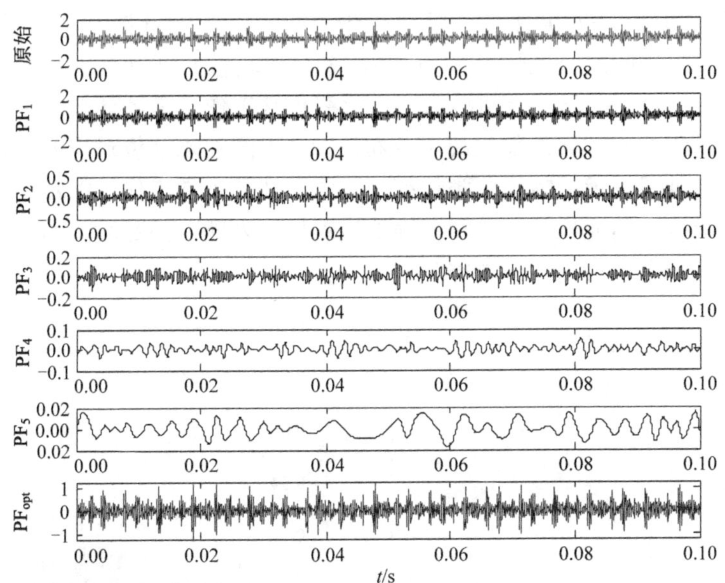

图 5.5　轴承内圈故障信号的 LMD 分解及加权优化结果

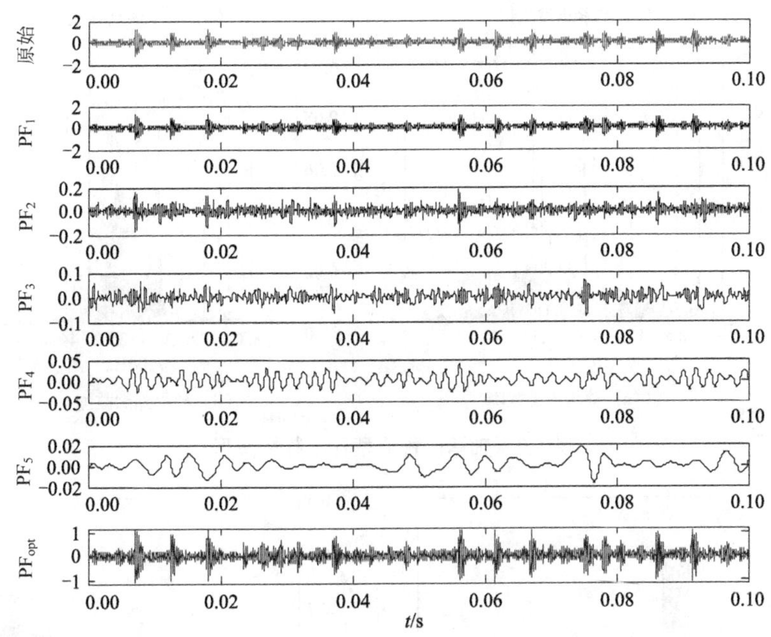

图 5.6　轴承外圈故障信号的 LMD 分解及加权优化结果

利用基于能量投影的特征提取算法分别对四类典型样本的加权优化分量 PF_{opt} 进行分析，图 5.7 所示为各信号对应的频谱，其中（a）～（d）分别显示了轴承正常工作、滚动体故障、内圈故障、外圈故障的频域波形，图 5.7 中只显示了 0～5000Hz 范围内的数据。在图 5.7 中，从 4400Hz 附近开始各信号的功率谱幅值接近于 0，几乎没有发生有意义的变化；而在 0～4400Hz 范围内几乎集中了信号的全部能量，因此选择频谱图能量集中的频段（0～4400Hz）用于下一步分析。将此能量集中频段划分为10个子频段（图5.7中虚线间隔开的区间），对每一个子频段按照式（5-18）求取其对应的投影能量。图 5.8（a）～（d）分别显示了轴承在正常工作、滚动体故障、内圈故障、外圈故障四种不同工作状态下的能量投影分布情况。不同故障部位对应的能量分布有着明显不同，这就提供了轴承故障的分类特征。其中，轴承正常工作的能量主要集中在低频段内，其他频段携带的能量几乎为零；轴承滚动体、内圈、外圈故障的能量主要集中在中频段，但是每一个频段内含有的能量明显不同。

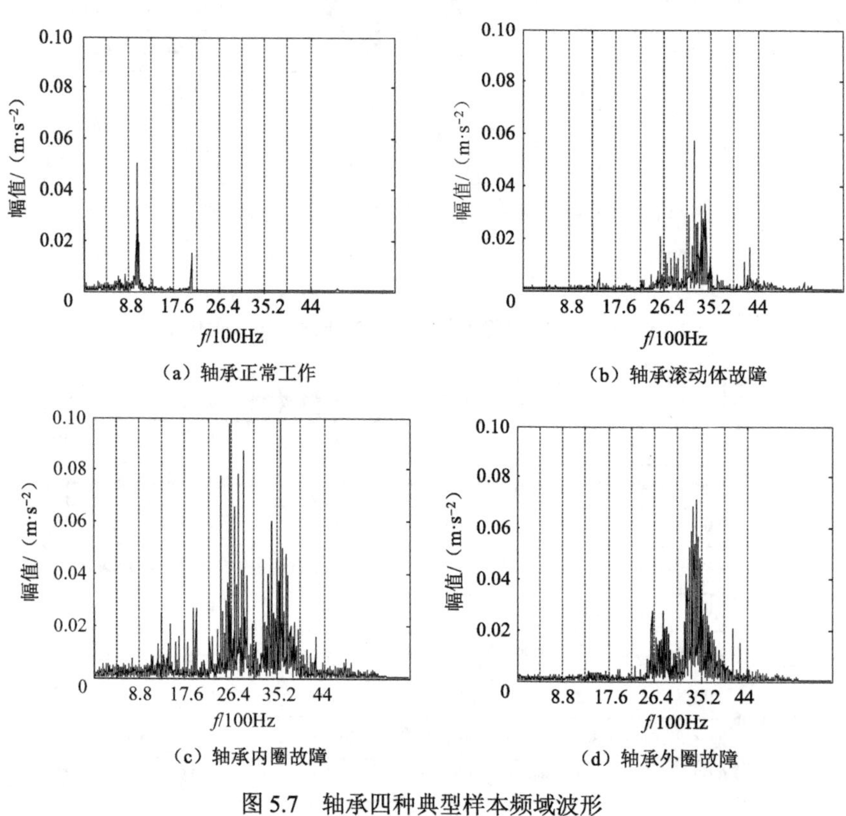

图 5.7　轴承四种典型样本频域波形

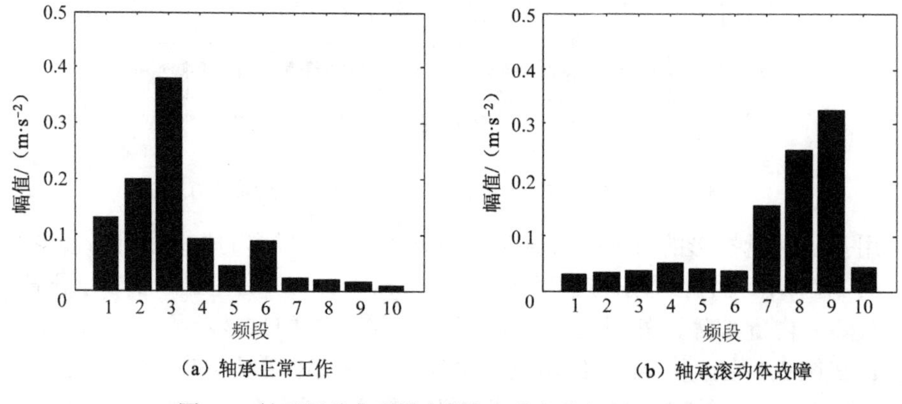

图 5.8　轴承四种典型样本的归一化能量投影分布情况

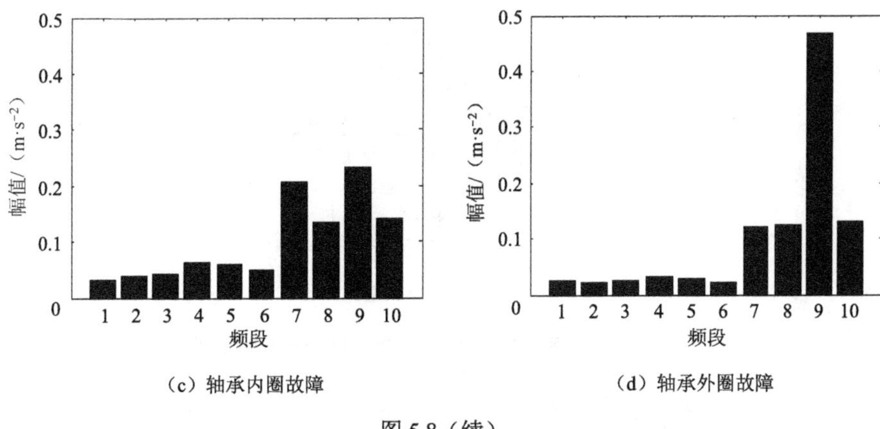

（c）轴承内圈故障　（d）轴承外圈故障

图 5.8（续）

5.3.2　诊断识别

得到目标特征数据后，即可进行分类识别。将算法 5.3 获得的样本归一化投影能量作为特征向量送入 ANN 中，分别进行模型的训练与测试。使用径向基函数（radius basis function，RBF）对特征数据进行分类识别。RBF 网络是一种高效的前馈神经网络，属于单隐层结构，选用 Gauss 函数作为径向基函数，如下：

$$h_j(x)=\exp\left(-\frac{\| x-c_j \|^2}{r_j^2}\right) \tag{5-21}$$

式中，$h_j(x)$ 为第 j 个 RBF 节点的输出；c_j 和 r_j 分别为第 j 个 RBF 节点的中心值和宽度。

1. 不同频带数下 RBF 神经网络的车型识别对比试验

算法 5.3 的步骤 2 中需要将选定的频段进行划分，为了确定合适的子频带数目，本节分别将其划分为 8～12 个频带，采用 10 折交叉验证法，表 5.4 给出了各种情形下的分类识别结果。图 5.9 为不同频带数目下 RBF 神经网络的识别结果，可见特征向量的识别能力并不随着特征数目的增加而严格增加。当子频带数为 10 时，网络的训练样本集、测试样本集及全部样本集均取得最好的识别效果，因而这里将子频带数目确定为 10。在后面的实验中，子频带数目均设定为 10。

表 5.4　子频带数对 RBF 神经网络识别准确率的影响

子频带数	识别准确率/%		
	训练集	测试集	全部样本集
8	88.3	85.3	86.8
9	90.4	88.4	89.0
10	94.3	92.5	93.4
11	91.2	89.5	90.4
12	89.5	86.8	87.2

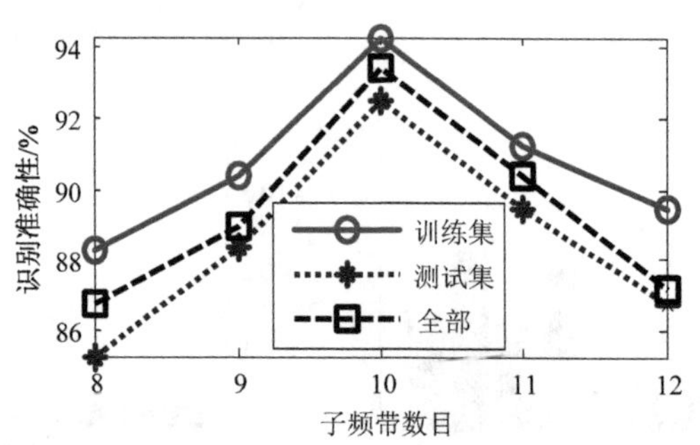

图 5.9　不同频带数目下 RBF 神经网络的识别结果

2. 全频带与能量集中频带的车型识别对比实验

为了研究信号的分析区域对车型识别准确率的影响，分别在全频带和能量聚集频带上进行了实验，表 5.5 给出了两者的识别准确率对比。从表 5.5 可见，在能量集中区域内进行能量投影会取得更高的识别准确率，说明如果在全频带上进行能量投影操作，则特征中会含有大量的冗余数据，影响识别精度；同时，在实时性上也有很大的改善，缩短了约 28%的运行时间。

表 5.5　全频带与能量集中频带上 PF_{opt} 的识别准确率对比

频带选择	运行时间/s	识别准确率/%		
		训练集	测试集	全部
全频带	0.387	85.8	79.4	82.3
能量集中频带	0.494	95.7	93.0	92.5

3. 各 PF 分量的分类能力对比实验

为了说明以上加权优化处理后的特征向量在识别性能上的改进，将依据算法 5.2 获得的加权优化 PF_{opt} 分量与原始的 PF_1 分量、PF_2 分量分别作为算法 5.3 的输入，提取车型特征向量，表 5.6 给出了各 PF 分量的分类能力对比。表 5.6 说明，虽然 PF_1 和 PF_2 也可以对个别故障进行识别，但准确率偏低。加权优化法依据信号携带信息的大小重构特征 PF 分量 PF_{opt}，增强了信号的特征，使得故障特征更加明显，故障诊断取得了理想的效果。

表 5.6　各 PF 分量的分类能力对比

序号	识别准确率/%		
	训练集	测试集	全部
PF_1	89.8	87.2	88.4
PF_2	92.2	89.3	90.1
PF_{opt}	95.7	93.0	92.5

上述识别结果表明，提取 LMD 分解后的投影能量向量作为特征，进行故障分类具有较高的有效性和可行性。运用 BP 神经网络对采集到的特征向量进行了模式识别，通

过对轴承故障分类结果的观察可以看出，能量投影特征提取方法能够准确地提取出轴承故障特征。

本 章 小 结

针对机械振动信号能量分布的特点，本章提出了一种能量投影特征计算方法。该方法将重构的 PF_{opt} 分量的能量投影到均匀分割好的各子频段内，通过能量在各子频段的分布情况获取特征向量。为了尽可能降低特征向量的维数，减小计算量，选择在能量聚集的频段内进行分析。能量投影法不仅缩短了分析数据的长度，计算量小，而且简单易行。

参 考 文 献

[1] SMITH J S. The local mean decomposition and its application to EEG perception data[J]. Journal of The Royal Society Interface, 2005, 2(5): 443-454.

[2] JIANG W L, ZHENG Z, ZHU Y, et al. Demodulation for hydraulic pump fault signals based on local mean decomposition and improved adaptive multiscale morphology analysis[J]. Mechanical Systems and Signal Processing, 2015(58-59): 179-205.

[3] WANG Y, MARKERT R, XIANG J, et al. Research on variational mode decomposition and its application in detecting rub-impact fault of the rotor system[J]. Mechanical Systems and Signal Processing, 2015(60-61): 243-251.

[4] OBUCHOWSKI J, WYŁOMAŃSKA A, ZIMROZ R. Selection of informative frequency band in local damage detection in rotating machinery[J]. Mechanical Systems and Signal Processing, 2014, 48(1/2): 138-152.

[5] LI Y, XU M, WANG R, et al. A fault diagnosis scheme for rolling bearing based on local mean decomposition and improved multiscale fuzzy entropy[J]. Journal of Sound and Vibration, 2016 (360): 277-299.

第 6 章　基于粗糙集属性约简的故障特征压缩

故障诊断具有复杂性、多样性、不确定性等特点。为了提高故障诊断的可靠性，需要获取大量的故障特征参数来全面描述故障模式。故障诊断过程中，不同特征参数的重要性有所不同，有些参数甚至是冗余的。另外，在状态参数信息获取过程中，通信异常也可能导致故障特征信息的不一致或不完备。如果不加选择地将全部参数信息直接用于诊断，势必降低故障诊断的准确性和实时性，因此对故障诊断中的冗余特征参数进行压缩约简是十分必要的。粗糙集理论对原始数据本身的模糊性和不确定性缺乏相应的处理能力，将其与模糊数学和概率论等结合，则可在一定程度上减少由于离散化过程造成的信息损失。本章将模糊集引入粗糙集理论中，利用 FCM 聚类算法对故障特征参数空间进行划分，充分考虑属性个体之间的差异，避免区间断点选取一刀切的问题。基于粗糙集理论并结合 FCM 聚类算法实现属性约简可以有效减少属性值的数目，降低问题的复杂性，提高知识的适应度。

6.1　粗糙集理论

6.1.1　基本概念

粗糙集是波兰数学家 Pwalak 于 1982 年提出来的一种数学工具[1]，可用来分析不精确、不一致和不完整等不完备信息，从中发现隐含知识，揭示潜在的规律。利用粗糙集理论可以处理各种数据，包括不完整的数据、拥有众多变量的数据和不精确的、模棱两可的数据[2]。因而，基于粗糙集的属性约简方法被广泛应用于特征选择过程，其可以在保证分辨能力的前提下，对输入特征信息进行约简，降低特征向量的维数[3]。经典的粗糙集理论只能处理离散化数据，因此在进行属性约简之前需要对连续属性进行离散化处理，以减少属性值的数目，降低问题的复杂性。离散化处理的原则是保持信息系统中表达的样本分辨关系，避免信息丢失或错误。目前常用的离散化方法有经验分割法、等频法、等距法、Naive Scaler 算法、贪心算法及粗糙集与布尔逻辑结合法等，这些方法均有各自的适用性，但同时也有各自的局限性。

粗糙集理论是针对边界域思想提出的，基于给定训练数据的等价类，用上下近似集合逼近数据库中的不精确概念。其主要思想是以知识和分类为基础，在保持分类能力不变的前提下，利用不同的属性知识描述，达到属性知识约简的目的[3]。

定义 6.1　知识表达系统和决策表。

粗糙集理论将故障特征样本数据描述为一个知识表达系统 S，S 可以表示为

$$S=(U,A,V,f) \tag{6-1}$$

式中，U 为论域，表示诊断对象；A 为诊断对象的属性集合，分为两个不相交的子集，

分别为条件属性 C 和决策属性 D，$A=C\cup D$；V 为属性值集；f 为 $U\times A\to V$ 的一个信息函数，用于指定 U 中每一个对象的属性值。

如果，$A=C\cup D$ 且 $C\cap D\neq\varnothing$，则称 $S=(U,C,D,V,f)$ 为决策表，其中，子集 C 为条件属性集，表示故障特征样本的特征集合，对应的特征向量矩阵为 $\boldsymbol{T}$；子集 D 为决策属性集，表示各类故障特征样本对应的故障类型。具有条件属性和决策属性的知识表达系统就是决策表，简记 $S'=(U,C,D)$。

决策表为一张二维表格，表中每一行描述一个故障特征样本，每一列代表样本的一种故障特征属性。决策表中的不同属性具有不同的含义，对决策产生不同的作用，具有不同的重要性。决策表是一种知识表达的特殊形式，根据决策表可以发现属性之间的因果和依赖关系。任何一个信息系统均可以归纳表达为决策表，通过求属性的重要性并进行排序，在泛化关系中找出与原始决策表具有相同决策能力的最小或最佳属性集合。

定义 6.2　不可分辨关系。

属性集 $P\subseteq A$ 的不可分辨关系 IND(P)表示为

$$\mathrm{IND}(P)=\{(u_i,u_j)\in U\times U\mid\forall a\in P,f(u_i,a)=f(u_j,a)\}\tag{6-2}$$

即如果对象对 $(u_i,u_j)\in\mathrm{IND}(P)$，则称 u_i 和 u_j 是不可分辨的。不可分辨关系揭示了论域知识的颗粒状结构，是粗糙集理论中定义其他概念的基础。

定义 6.3　对于 $\forall x\in U$，$[x]_B$ 表示 IND(B)的一个包含对象 x 的等价类。

定义 6.4　对于 $\forall B\subseteq A$，$X\subseteq U$，B 的下近似、上近似、边界、正域和负域分别定义如下：

$$\underline{X}_B=\cup\{[x]_B\in U\mid\mathrm{IND}(B):[x]_B\subseteq X\}\tag{6-3}$$

$$\overline{X}_B=\cup\{[x]_B\in U\mid\mathrm{IND}(B):[x]_B\cap X\neq\varnothing\}\tag{6-4}$$

$$BN_B(X)=\overline{X}_B-\underline{X}_B\tag{6-5}$$

$$\mathrm{POS}_B=\underline{X}_B\tag{6-6}$$

$$\mathrm{NEG}_B=U-\overline{X}_B\tag{6-7}$$

正域 POS_B 中的元素一定属于集合 X，$\overline{X}_B$ 中的元素可能属于或不属于集合 X，说明集合中的元素具有模糊性。当 $\underline{X}_B=\overline{X}_B$ 时，称 X 为可定义集，否则为不可定义集，即粗糙集。由此可以看出，边界是一个不确定的概念，集合不确定性的根源即边界域。集合具有的边界域越大，则其精确性越低，反之亦然。正域、负域和边界域如图 6.1 所示。

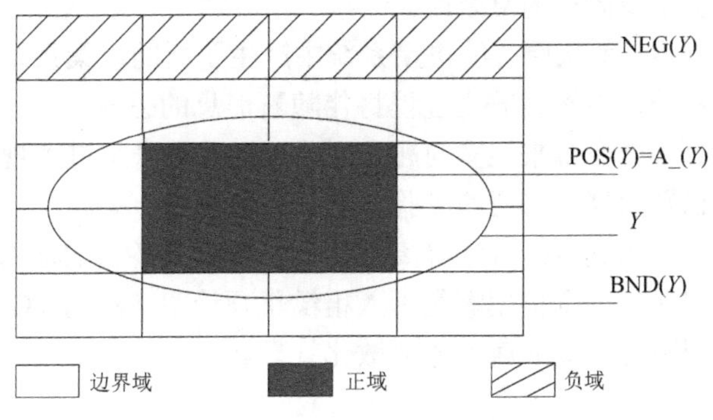

图 6.1　正域、负域和边界域

定义 6.5　决策属性 D 对条件属性 C 的依赖度定义为

$$k = r_C = \frac{|\mathrm{POS}_C(D)|}{|U|} \tag{6-8}$$

式中，k 为依赖度，表示在条件属性 C 下能够确切划入决策类 $\frac{U}{D}$ 的对象与 U 上全体元素数目的比值，为决策属性对条件属性的依赖程度，取值范围为 $0 \leqslant k \leqslant 1$。

定义 6.6　任意属性 $a \in (C - R)$ 关于决策属性 D 的重要性定义为

$$\mathrm{SGF}(a, R, D) = \gamma(R \cup \{a\}, D) - \gamma(R, D) \tag{6-9}$$

对于属性 $a \in C$，如果 $\gamma(C, D) = \gamma(C - a, D)$，则称属性 a 相对于决策属性 D 是冗余的，否则是不可缺少的。如果 C 中的任意属性相对于 D 都是不可缺少的，那么 C 相对于 D 是独立的。

6.1.2　连续属性的离散化

经典的粗糙集理论只能处理离散化数据，在属性约简之前需要对连续属性进行离散化处理，以减少属性的数目，降低问题的复杂性，提高知识的适应度。离散化处理的原则是保持信息系统中所表达的特征样本分辨关系，避免信息丢失或错误的情况发生。某些时候，即使属性已经是离散的，但仍需要对离散值进行抽象，以得到更高抽象层次的离散值，从而获得样本数据的更多共性信息。

已知目标信息系统 $S = (U, C, D, V, f)$，$C \cup D = R$ 为属性集合，论域 $U = \{x_1, x_2, \cdots, x_n\}$。设决策类别数目为 $r(d)$。属性 a 的值域 V_a 上的一个断点可记为 (a, c)，其中 $a \in R$，c 为实数集。在值域 $V_a = [l_a, r_a]$ 上的任意一个断点集合 $\{(a, c_1{}^a), (a, c_2{}^a), \cdots, (a, c_{k_a}{}^a)\}$ 中定义 V_a 上的一个分类 P_a：

$$\begin{cases} P_a = \{[c_0{}^a, c_1{}^a), [c_1{}^a, c_2{}^a), \cdots, [c_{k_a}{}^a, c_{k_a+1}{}^a]\} \\ l_a = c_0{}^a < c_1{}^a < c_2{}^a < \cdots < c_{k_a}{}^a < c_{k_a+1}{}^a = r_a \\ V_a = \{[c_0{}^a, c_1{}^a) \cup [c_1{}^a, c_2{}^a) \cup \cdots \cup [c_{k_a}{}^a, c_{k_a+1}{}^a]\} \end{cases} \tag{6-10}$$

可见，任意的 $P = \bigcup_{a \in R} P_a$ 定义了一个新的决策表 $S^P = (U, R, V^P, f^P)$，$f^P(x_a) = i \Leftrightarrow f(x_a) \in [c_i{}^a, c_{i+1}{}^a]$，其中 $x \in U$，$i \in \{0, 1, 2, \cdots, K_a\}$。离散化过程就是合并相邻断点间属性值的过程，通过合并属性值减少问题的复杂度。

经过离散化处理后，就从原有的决策系统中产生了新的决策系统。不同的断点集合会构造不同的决策系统，显然离散化过程将伴随着信息的丢失。

离散化区间划分不当会带来很多问题，划分过细导致产生过多规则，划分过粗则会直接导致无法准确识别数据。常用的经验分割法、等频法、等距法、Naive Scaler 算法、贪心算法及粗糙集与布尔逻辑结合法等离散化方法均有其各自的适用性，但同时也有其局限性。针对这一问题，本章将模糊集引入粗糙集理论中，利用 FCM 对故障特征参数空间进行划分，实现更为有效的属性值离散化处理。

6.1.3　决策表的约简

在获得离散化后的决策表后，就可以对其进行属性约简。属性约简是指在保持系统分类或决策能力不变的前提条件下，删除其中不重要或冗余的属性。

定义 6.7　设 C 和 D 分别是决策表的条件属性集合和决策属性集合，对于 C 的子集 C'，若满足

$$\gamma_C(D)=\gamma_{C'}(D) \tag{6-11}$$

如果从 C' 中删除任何属性 a 后都有 $\gamma_{C'-\{a\}}(D)=\gamma_{C'}(D)$，则称 C' 是 C 相对于决策属性集合 D 的一个约简。

一个决策表可能同时存在几个约简，这些约简的交集被定义为决策表的核 core(R)。在故障诊断应用中，往往并不需要计算出知识表达系统中的所有约简，而是结合应用需要，选择有意义的约简集。

6.2　基于 FCM 的属性离散化方法

FCM 是一种以模糊数学为基础的无监督聚类方法。这一算法只需确定聚类数目，并不断反复修正样本的所属类别、聚类中心及样本对于各类别的隶属度，将样本与聚类中心的加权距离和作为目标函数，通过求目标函数的最小值来解决聚类问题。

6.2.1　模糊集与聚类

定义 6.8　模糊集。

在论域 X 上，模糊集合 $\tilde{A}$ 由隶属度函数 $\mu_{\tilde{A}}(x)$ 表示，其中 $\mu_{\tilde{A}}(x)$ 在[0,1]上取值，$\mu_{\tilde{A}}(x)$ 的取值反映了论域 X 中的元素 x 对于 $\tilde{A}$ 的隶属程度；而当 $\mu_{\tilde{A}}(x)$ 取{0,1}二值时，$\mu_{\tilde{A}}(x)$ 即演化为普通集合的隶属度函数 $\mu_A(x)$，$\tilde{A}$ 便成为普通集合 A。因此，普通集合是模糊集合的特例。

如果对于任意给定的 $x\in X$，都有确定的隶属函数 $\mu_{\tilde{A}}(x)\in[0,1]$ 与之对应，则 $\tilde{A}$ 表示为

$$\mu_{\tilde{A}}(x):X\to[0,1] \tag{6-12}$$

即 X 到[0,1]的映射 $\mu_{\tilde{A}}(x)$ 唯一地确定了模糊集合 $\tilde{A}$。

定义 6.9　对于给定的数据样本集合 E，定义类 C_i 为 E 的一个非空子集，$\forall C_i\subset E$，且 $C_i\neq\varnothing$，则聚类为满足下列两个条件的数据类 C_i 的集合。

1）$C_1\cup C_2\cup\cdots\cup C_k=E$。

2）$C_1\cap C_j\neq\varnothing$，$i\neq j$。

条件 1）说明样本集 E 中的每个样本必定属于某一个类，条件 2）说明样本集 E 中的每个样本最多只能属于一个类。

通过一定的规则，聚类将数据集划分为属性相似的数据点构成的若干个类。聚类分析是一种可以用来获得数据分布情况、观察每个类的特征和对特定类进行进一步分析的独立工具。通过聚类分析，能够发现全局的分布模式及数据属性之间的相互关系等。目前主要有如下两个聚类评价准则[4]。

1）误差平方和方式。设样本集中一簇数据 $X=\{x_1,x_2,\cdots,x_n\}$ 中包含 n 个样本，以某种聚类方法将一簇数据聚类成 M 个簇类，$X=\{X_1,X_2,\cdots,X_m\}$，采用误差平方和方式，其度量函数为

$$\text{Distance}=\sum_{j=1}^{m}\sum_{i=1}^{ki}\|x_{ji}-C_j\| \tag{6-13}$$

式中，C_j 为第 j 个样本集的质心，即 $X=\{X_1,X_2,\cdots,X_m\}$ 中样本集 X_i 的样本均值；Distance 为所有样本相对于其所属集合质心的误差总和。

2）类间距离和准则。为了描述聚类结果的类间距离分布状态，可以采用类间距离和准则及加权的类间距离和准则。类间距离和定义如下：

$$\text{Dista}=\sum_{i=1}^{m}(m_i-c)^{\mathrm{T}}(m_i-c) \tag{6-14}$$

加权的类间距离和定义如下：

$$\text{Dista}P=\sum_{i=1}^{m}P_i(m_i-c)^{\mathrm{T}}(m_i-c) \tag{6-15}$$

6.2.2 基于 FCM 的离散化

离散化首先需要对属性进行区间划分，然后将每一划分后的区间对应为一离散值。如果区间划分过细，会导致决策规则增加；相反，如果区间划分过粗，可能会使分类不清，出现不一致的规则。FCM 算法是一种基于区间划分的聚类算法，其主要思想就是使被划分到同一类的样本之间相似度最大，而不同类样本之间的相似度最小。将有限样本集 $X=\{x_1,x_2,\cdots,x_n\}$ 划分为 c 类，各样本以一定的隶属度隶属于 c 个不同的类域。用 μ_{ij} 表示第 j 个样本隶属于第 i 个类的隶属度，$\mu_{ij}\in[0,1]$，有

$$\sum_{i=1}^{c}\mu_{ij}=1 \tag{6-16}$$

式（6-16）表示每一个样本对全部聚类中心的隶属度之和为 1。

$\sum_{j=1}^{n}\mu_{ij}\in(0,n)$，即每个聚类中心包含的样本个数介于 0～$n$。

则分类结果可以用一个 $c\times n$ 阶的矩阵 $\boldsymbol{U}$ 表示，称为模糊矩阵。FCM 算法的出发点基于对目标函数的优化，即对平方误差函数式求最优值：

$$J(\boldsymbol{U},\boldsymbol{V})=\sum_{j=1}^{n}\sum_{i=1}^{c}\mu_{ij}{}^{m}d_{ij}{}^{2} \tag{6-17}$$

式中，$\boldsymbol{V}=(v_1,v_2,\cdots,v_c)^{\mathrm{T}}$；$c$ 为聚类中心的数目；m 为加权指数，$m\in[1,\infty]$；$d_{ij}=x_j-v_i$，为样本到中心矢量的距离，其中 x_j 为第 j 个样本。

$J(\boldsymbol{U},\boldsymbol{V})$代表各样本到聚类中心的加权距离平方和，权重是样本 x_j 对第 i 类隶属度的 m 次方。若 m=1，则退化为硬 c 均值算法；若 m>1，则可用最小二乘法找出一个恰当的模糊 c 组分类矩阵 $\boldsymbol{U}$ 和恰当的聚类中心 $\boldsymbol{V}$，使得 $J(\boldsymbol{U},\boldsymbol{V})$达到最小。其可以归结为在 $\sum_{i=1}^{c}\mu_{ij}=1$ 约束条件下的条件极值问题，可采用 Lagrange 乘子法使 $J(\boldsymbol{U},\boldsymbol{V})$取极小值。

6.3　实验与分析

6.3.1　汽轮机故障特征压缩

由于设备结构的复杂性和运行环境的特殊性，汽轮机发生故障的概率较高，故障危害性也很大。汽轮机振动是影响其安全运行的一个重要指标，当运行异常时，通常会出现振动增大、振动性质改变等现象[5]。通过对振动信号的分析，可以在不停机的情况下对故障进行有效诊断。汽轮机常见的振动故障有不平衡、不对中、油膜振荡、喘振、磨碰、轴承损害、松动等。以汽轮机振动信号频谱特征中的（0.01～0.39）f、（0.40～0.49）f、0.5f、（0.51～0.99）f、f、2f、（3～5）f、odd×f、>5f（f 为工频，odd×f 为奇数倍 f）九个不同频段上的谱峰能量值作为故障特征属性，可以得到故障特征向量 $\boldsymbol{X}=(x_1,x_2,\cdots,x_9)$。由 N 个汽轮机故障样本形成初始特征向量矩阵 $\boldsymbol{T}$，如下：

$$\boldsymbol{T}=\left\{\begin{matrix} x_{11},x_{12},\cdots,x_{19} \\ x_{i1},x_{i2},\cdots,x_{i9} \\ \vdots \\ x_{N1},x_{N2},\cdots,x_{N9} \end{matrix}\right\} \tag{6-18}$$

从计算的复杂度和分类器的性能来看，不适宜直接对 $\boldsymbol{T}$ 进行处理。鉴于故障信息的模糊性和不确定性，选择利用模糊粗糙集对故障样本进行预处理，保留关键信息，去掉冗余属性，剔除相同样本。其目的在于简化后续故障分类器的训练难度，在保证分类精度的前提下，提高诊断系统的实时性。汽轮机故障诊断模型如图 6.2 所示。

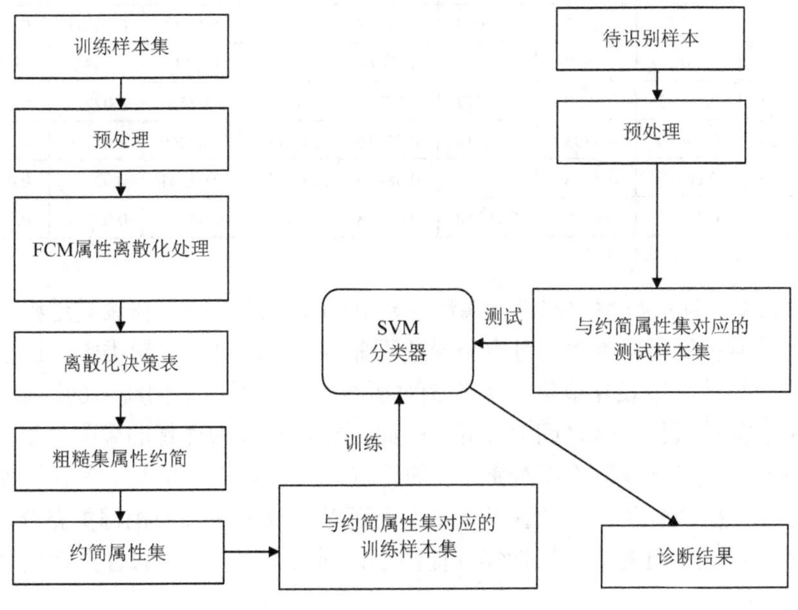

图 6.2　汽轮机故障诊断模型

定义每一个汽轮机故障样本为论域 U 中的一个对象；定义每个故障特征信息为条件属性 C 中的一个元素；定义各种故障类型为决策属性 D 的一个元素，分别是不平衡故障、碰磨故障及油膜振荡故障，如表 6.1 所示。根据以上定义对文献[4]中提供的汽轮机故障数据进行进一步的分析，并对故障样本各频段的频谱特征向量进行归一化处理，得到相应的信息表。随机选取 12 条数据作为训练样本集，如表 6.2 所示，其余的用作测试样本集。

表 6.1　汽轮机故障说明

故障类型	故障说明
1	不平衡
2	碰磨
3	油膜振荡

表 6.2　汽轮机故障训练样本集

样本	c_1	c_2	c_3	c_4	c_5	c_6	c_7	c_8	c_9	d
频段	（0.01～0.39）f	（0.40～0.49）f	0.5f	（0.51～0.99）f	f	2f	（3～5）f	odd×f	>5f	
1	0.00256	0.00122	0.00993	0.01826	0.81123	0.07904	0.04958	0.04958	0.00397	1
2	0.05129	0.00267	0.00227	0.01846	0.75780	0.09388	0.03373	0.03373	0.00596	1
3	0.00494	0.00162	0.00131	0.01049	0.84174	0.05299	0.01962	0.01962	0.00322	1
4	0.0370	0.0015	0.0009	0.0127	0.7885	0.0818	0.0349	0.0349	0.0077	1
5	0.11805	0.01598	0.00831	0.12527	0.56643	0.01725	0.04653	0.02356	0.07864	2
6	0.11670	0.00545	0.00523	0.17401	0.56365	0.02107	0.05358	0.01288	0.05344	2
7	0.03012	0.01275	0.02175	0.16904	0.61279	0.01977	0.05657	0.02518	0.05200	2
8	0.0111	0.0027	0.0027	0.0163	0.7493	0.1239	0.0432	0.432	0.0072	2
9	0.02475	0.18273	0.39201	0.19642	0.05736	0.09657	0.02254	0.02254	0.00510	3
10	0.02363	0.14473	0.53938	0.10211	0.05216	0.09117	0.02069	0.02069	0.00548	3
11	0.00755	0.26129	0.48180	0.07610	0.08415	0.03498	0.02331	0.02331	0.00550	3
12	0.01321	0.23394	0.48800	0.06358	0.09938	0.03841	0.02777	0.02777	0.00791	3

注：f 为基频，odd×f 为奇数倍基频。

采用 FCM 对连续属性数据进行离散，建立知识表达系统。在聚类过程中，合理设定聚类数目非常关键，聚类数目过少会导致不兼容信息的产生，聚类数目过多则会由于过度离散化而导致决策表复杂化。文献[5]对所有的条件属性采用统一的断点指导方法，未能充分考虑条件属性个体之间的差异，因此不能得到较为理想的聚类效果。由于本章提出的 FCM 方法充分考虑了各连续属性的特点，通过对样本集九个条件属性做出的空间分布状态图确定属性值的离散区间取值，因而对于故障信息的挖掘更充分，可有效地获得反映故障征兆本质的约简属性集，提高了诊断的准确性[6]。属性离散化之后的决策表如表 6.3 所示。

表 6.3　属性离散化之后的决策表

样本	c_1	c_2	c_3	c_4	c_5	c_6	c_7	c_8	c_9	d
1	3	1	1	3	2	2	1	2	1	1
2	1	1	1	3	2	2	2	2	1	1
3	3	1	1	3	2	1	2	1	1	1
4	1	1	1	3	2	2	2	2	1	1
5	2	1	1	1	2	1	1	1	2	2
6	2	1	1	2	2	1	1	1	2	2
7	1	1	1	2	2	1	1	3	2	2
8	3	1	1	3	2	2	1	2	1	2
9	1	2	2	2	1	2	2	1	1	3
10	3	2	2	1	1	2	2	1	1	3
11	3	2	2	1	1	1	2	1	1	3
12	3	2	2	1	1	1	2	3	1	3

对表 6.3 的信息系统进行属性约简后，得到约简属性集 $\{c_1, c_4, c_8\}$。根据得到的约简属性集和对应的原始数据，形成新的样本集，用于进一步的故障分类器的训练和测试。通过对测试样本的诊断实验，识别率可达 100%。用约简属性集训练的系统与用全部属性训练的系统相比，在保证了识别率的同时，降低了系统计算的复杂程度，从而有效提高了诊断系统的实时性能。

6.3.2　转子不对中故障特征压缩

为验证本章提出方法的有效性，以第 3 章中获取的基于波包频带能量分布的转子不对中故障特征向量为研究对象，利用上述方法对其进行特征压缩。选择的样本类型有转子健康状态、轻度不对中及重度不对中 3 种工况，如表 6.4 所示。3 种工况的典型原始特征向量如表 6.5 所示。

表 6.4　样本类型说明

工况	故障说明
1	健康状态
2	轻度不对中
3	重度不对中

表 6.5　3 种工况的典型原始特征向量

序号	工况 1	工况 2	工况 3
(4,0)	3.1114	94.4755	24.5415
(4,1)	3.2629	4.4326	27.675
(4,2)	3.6645	0.1171	1.9691
(4,3)	3.4166	0.4225	7.0166
(4,4)	9.1587	0.0519	3.8464

续表

序号	工况 1	工况 2	工况 3
(4,5)	7.0038	0.0506	3.1912
(4,6)	4.3158	0.0758	2.0570
(4,7)	5.5723	0.0746	2.5882
(4,8)	1.9047	0.0099	0.8360
(4,9)	2.2942	0.0109	1.0383
(4,10)	9.8200	0.0518	4.4516
(4,11)	6.3509	0.0298	2.8404
(4,12)	9.1328	0.0539	4.3170
(4,13)	11.1770	0.0484	5.1153
(4,14)	9.7441	0.0451	4.1714
(4,15)	10.0701	0.0495	4.3455

每种工况选出 10 个样本，共计 30 个样本。基于 FCM 的属性离散化方法对样本进行处理，然后进行粗糙集属性约简，得到一个条件属性约简集合 $\{c_2,c_3,c_5,c_9\}$。根据得到的约简属性集和对应的原始数据，形成新的样本集，即生成了特征优化选择后的样本集，故障的特征向量维数由原来的 16 个减至 4 个，实现了特征维数的有效压缩。

本 章 小 结

本章重点研究了粗糙集属性约简方法在旋转机械故障特征选择上的应用，提出了基于 FCM 聚类的连续属性模糊离散化方法并验证了其有效性。通过聚类有效性分析，确定了最佳分类数目，克服了以往属性离散化方法采用统一的断点指导原则、不考虑信息系统具体属性值的缺陷，为解决粗糙集中连续属性的约简问题提供了一个有效途径。

参 考 文 献

[1] PAWLAK Z. Rough set [J]. International Journal of Computer and Information Sciences, 1982 (11): 341-356.

[2] 张文修，吴伟志，梁吉业，等. 粗糙集理论与方法[M]. 北京：科学出版社，2001.

[3] 杨淑莹. 模式识别与智能计算：Matlab 技术实现[M]. 北京：电子工业出版社，2008.

[4] PELL R J. Multiple outlier detection for multivariate calibration using robust statistical techniques[J]. Chemometrics and Intelligent Laboratory Systems, 2000(52): 87-104.

[5] 何青，杜冬梅，李红. 汽轮发电机组远程智能故障诊断系统[J]. 热能动力工程，2006，21(5): 532-536.

[6] 齐晓轩，纪建伟，原忠虎. FCM 属性约简方法在汽轮机故障诊断中的应用[J]. 合肥工业大学学报（自然科学版），2011，34(2)：232-236.

第 7 章　滚动轴承性能退化特征提取与选择

对于滚动轴承的性能退化评估来说，特征提取一直是核心和基础，有效的特征可以使退化评估模型更加精确、稳定。单一或是单域的特征难以全面准确地反映机械的运行状态。特征参数越多，往往对性能退化特征评估越有利，但是特征参数过多又可能会导致参数之间的相关性及冗余性增加，精度下降，而且会占用更多内存，影响计算时间[1]。振动监测是目前用于表征轴承性能退化状态的最广泛、最有效的手段[2]。滚动轴承从开始运行到失效的过程中，振动信号通常在时域、频域及时频域内呈现出丰富的信息。如果直接使用这些信息，不仅增加计算量，也会使退化评估模型更为复杂，甚至降低结果的可靠性。另外，与故障特征提取不同，在提取性能退化特征时，需要对振动信号进行持续性的特征分析，对于其趋势性的分析显得尤为重要。因此，本章提出从多个域内分析退化特征在全寿命周期内的轴承状态表征能力，分析退化特征在全寿命周期内的轴承状态表征能力，将具有代表性的、有效的特征筛选出来，剔除冗余及不相关的特征，避免维数灾难，提升计算效率，减小模型误差。当前很多研究是通过人为或专家经验进行特征筛选，受主观影响较大，缺乏普适性。针对上述问题，本章在混合域内对滚动轴承振动信号进行多特征提取，并提出基于豪斯多夫（Hausdorff）距离的特征选择方法，选取综合性能优越的指标进行滚动轴承性能退化评估。

7.1　LCD

7.1.1　ISC

EMD 与 LMD 方法的基本原理均是通过定义单分量信号来对信号进行自适应分解，其关键在于如何创建单分量信号所需的条件。在分析 EMD 的 IMF 分量与 LMD 的 PF 分量后，程军圣等学者定义了一种新的具有物理意义的单分量信号——ISC，并基于此提出了 LCD[3]。

LCD 方法通过对瞬时频率具有物理意义的单分量信号进行研究实现对 ISC 分量的定义，以调幅信号、调频信号、调幅-调频信号及正弦信号为例进行说明，如图 7.1 所示。将其中相邻的两个同类型的极值点相连，并将两极值点连线中点 M 与极值点 N 相连得到线段 MN，可以将 M 点与 N 点近似看作关于横轴对称。根据该特点提出 ISC 分量的定义，并依据 ISC 分量提出 LCD 方法。

LCD 分解方法可以将采集的复杂振动信号分解成若干个 ISC 分量与一个残余分量之和，任意两个 ISC 分量之间相互独立，并且 ISC 分量满足如下两个条件[3]。

1）在整个数据段内，任意两个相邻极值点的符号互异。

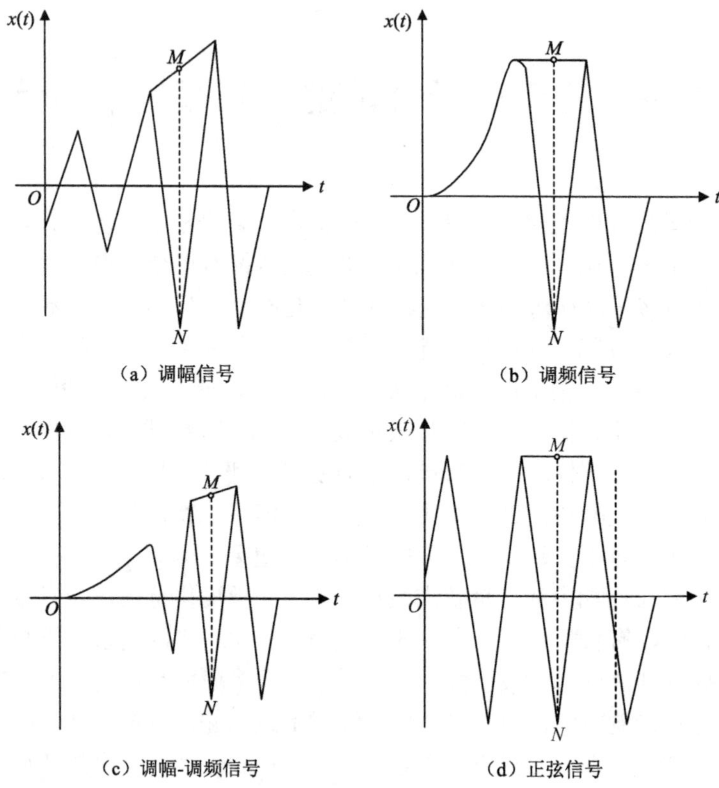

图 7.1　瞬时频率有意义的四种信号

2）在整个数据段内，所有极值点记为 $X_k(k=1,2,\cdots,N)$，极值点对应的时刻记为 $\tau_k(k=1,2,\cdots,N)$，由任意相邻两个极大（小）值点 $(\tau_k,X_k),(\tau_{k+2},X_{k+2})$ 连接成的线段在其中间极小（大）值点 (τ_{k+1},X_{k+1}) 相对应时刻的函数值 A_{k+1} 与该极小（大）值 X_{k+1} 的比值关系近似不变。其中：

$$A_{k+1}=X_{k+1}+\frac{\tau_{k+1}-\tau_k}{\tau_{k+2}-\tau_k}(X_{k+2}-X_k) \tag{7-1}$$

满足以上两个条件可以使分解形成的波形更接近正弦或者余弦曲线，保证了波形的单一性与对称性。

7.1.2　LCD 的分解过程

以信号 $x(t)$为例，将其分解为多个 ISC 分量的主要过程如下。

步骤 1　确定信号 $x(t)$的所有极值点 $X_k(k=1,2,\cdots,N)$ 及其对应时刻信息 $\tau_k(k=1,2,\cdots,N)$，连续相邻的两个极值点可以将 $x(t)$分为多个子区间，在子区间内对相邻的两个极值点间的信号进行线性变换，得到

$$H^k=L_k+\left(\frac{L_{k+1}-L_k}{X_{k+1}-X_k}\right)(x_t-X_k),\ \ t\in\{\tau_k,\tau_{k+1}\} \tag{7-2}$$

式中，H^k 为第 k 个区间线性变换后的局部均值线，且有

$$L_{k+1}=aA_{k+1}+(1-a)X_{k+1}=a\left[X_k+\left(\frac{\tau_{k+1}-\tau_k}{\tau_{k+2}-\tau_k}\right)(X_{k+2}-X_k)\right]+(1-a)X_{k+1} \tag{7-3}$$

式中，A_{k+1}为τ_{k+1}时刻的函数值；参数a一般取值 0.5。

步骤 2　将所有求得的局部均值线H^k依次连接，得到H_1，并将其从信号$x(t)$中分离，得到信号$x(t)$的第一个 ISC 分量P_1。

步骤 3　若P_1不符合 ISC 分量条件，则将其作为原始信号并重复步骤 1 和 2，直至P_1符合 ISC 分类条件。

步骤 4　重复步骤 1～3，不断地将得到的 ISC 分量从信号中分离出去，则原始信号变为r_n，直到r_n变为单调函数，此时可以得到信号$x(t)$的n个满足条件的分量，信号$x(t)$便被分解为n个 ISC 分量与单调函数r_n之和，表示为

$$x(t)=\sum_{p=1}^{n}\mathrm{ISC}_p(t)+r_n \tag{7-4}$$

LCD 方法的核心在于均值曲线的构造，然后把均值曲线不断地从原始信号中提取出来，最后利用三次样条插值获得光滑的 ISC 分量。

LCD 方法是在研究 ISC 分量分解的基础上提出的一种自适应分析方法，能够将信号分解为一系列分量。相比于 EMD 及 LMD 方法，LCD 方法是一种根据信号所有极值点进行分解的非平稳信号处理方法，而且其计算量更少，分解效率更高。传统 EMD 方法的分解过程计算量十分庞大，其采用三次样条进行信号局部包络线的求取，并利用局部包络求得局部均值曲线后得到信号基线；而 LCD 方法的通过线性变换求取包络线的方式减少了计算量，并且由于 LCD 方法通过对信号进行连续地线性变换，相比于 EMD 方法迭代次数更少，同时对端点效应问题也有一定的抑制作用。

7.2　多域特征提取

7.2.1　时域特征

振动信号时域特征的提取过程相对简单，分为有量纲参数和量纲为 1 的参数。常用的有量纲参数有峰值、峰-峰值、平均值、方根幅值、有效值等，其数值在一定程度上反映了滚动轴承的故障信息，但其会受到工况（如载荷、转速、轴承尺寸等因素）的影响，给实际工程中的故障诊断和性能退化评估带来许多不便。常用的量纲为 1 的参数有峭度指标、峰值指标、脉冲指标、裕度指标、波形指标等，量纲为 1 的参数能够有效地避免因工况变换带来的影响。其中，偏斜度指标及峭度指标描述的是振动信号偏离正态分布的程度，当轴承正常运行时，振动信号一般呈正态分布；当轴承发生故障时，振动信号的分布就会偏离正态分布，可以用来判别是否发生故障。波形指标适用于判别设备是否存在点蚀故障；脉冲指标和裕度指标对冲击脉冲信号比较有效，特别是针对早期故障，其幅值有明显的上升，但在一定阶段后，指标值不升反降，表明其对于早期故障比较敏感，但是稳定性较差。当裕度指标、脉冲指标、峭度指标值忽然升高时，说明轴承

很可能发生了早期故障。然而，多数参数的可靠性较差，当达到一定程度后，其值会随着故障的发展而下降。峰值因数的数值会随着时间变化而发生改变，观察其值的变化即可对故障的变化趋势进行预测。

常用时域特征如表 7.1 所示。

表 7.1　常用时域特征

特征参数	参数定义	特征参数	参数定义
绝对均值	$x_{av}=\frac{1}{N}\sum_{i=1}^{N}\lvert x_i\rvert$	波形指标	$S_f=\frac{x_{rms}}{x_{av}}$
峰值	$x_p=\max\lvert x_i\rvert$	脉冲指标	$I_f=\frac{x_p}{x_{rms}}$
有效值	$x_{rms}=\sqrt{\frac{1}{N}\sum_{i=1}^{N}x_i^2}$	裕度指标	$CL_f=\frac{x_p}{x_r}$
方根幅值	$x_r=\left(\frac{1}{N}\sum_{i=1}^{N}\sqrt{\lvert x_i\rvert}\right)^2$	变异系数	$K_v=\sqrt{D_x}/x_{av}$
方差	$D_x=\frac{1}{N}\sum_{i=1}^{N}(x_i-x_{av})^2$	最小值	$x_{min}=\min\lvert x_i\rvert$
峰-峰值	$x_{p-p}=\max x_i-\min x_i$	平均值	$x_{avg}=\mathrm{mean}(x_i)$
偏态指标	$\alpha=\sqrt{\frac{1}{6N}}\sum_{i=1}^{N}\left(\frac{x_i-x_{av}}{\sqrt{D_x}}\right)^3$	整流平均值	$x_{avg}=\mathrm{mean}(\mathrm{abs}(x_i))$
峭度指标	$\beta=\sqrt{\frac{N}{24}}\left[\sum_{i=1}^{N}\left(\frac{x_i-x_{av}}{\sqrt{D_x}}\right)^4-3\right]$	K 阶中心距	$\partial=\frac{1}{n}\sum_{i=0}^{n-1}(x_i-\overline{x}_i)^k$
峰值指标	$C_f=\frac{x_p}{x_{rms}}$	K 阶原点距	$\varepsilon=\frac{1}{n}\sum_{i=0}^{n-1}(x_i)^k$

时域特征可以有效表征轴承单一故障状态变化趋势，而对混合故障的分离和表征能力较弱。

7.2.2　频域特征

振动信号的频谱可以反映信号能量随频率的分布情况，从频谱分析中可以得到振动信号的频率成分及其能量大小。在滚动轴承正常运行时，振动信号是一个随机稳态信号；当滚动轴承出现故障时，其振动信号中的频率成分、各频率成分的能量大小及主频位置都会发生变化。因此，通过频域统计特征可以很好地描述滚动轴承振动信号频谱信息的变化，进而判断滚动轴承运行过程中健康状态的变化情况。频域特征的提取通常需要先对信号进行 Fourier 变换，然后在频域内进行特征提取，通常有频谱分析、包络分析等。频域特征提取被广泛用于旋转机械的信号分析中，相对于时域的特征提取，在频域内对信号进行分析往往更加直观。

常用频域特征如表 7.2 所示。

表 7.2　常用频域特征

特征参数	参数定义	特征参数	参数定义
绝对均值	$x_{\mathrm{av}}=\frac{1}{N}\sum_{i=1}^{N}\lvert x_i\rvert$	变异系数	$K_{\mathrm{v}}=\sqrt{D_{\mathrm{x}}}/x_{\mathrm{av}}$
峰值	$x_{\mathrm{p}}=\max\lvert x_i\rvert$	重心频率	$f_{\mathrm{avg}}=\int_0^{\infty}fp(f)\mathrm{d}f\Big/\int_0^{\infty}p(f)\mathrm{d}f$
有效值	$x_{\mathrm{rms}}=\sqrt{\frac{1}{N}\sum_{i=1}^{N}x_i^2}$	均方频率	$f_{\mathrm{b}}=\int_0^{\infty}f^2p(f)\mathrm{d}f\Big/\int_0^{\infty}p(f)\mathrm{d}f$
方根幅值	$x_{\mathrm{r}}\left(\frac{1}{N}\sum_{i=1}^{N}\sqrt{\lvert x_i\rvert}\right)^2$	均方根频率	$f_{\mathrm{bb}}=\left[\frac{\sum_{i=1}^{\frac{n}{2}}f_i^2p(f_i)}{\sum_{i=1}^{\frac{n}{2}}p(f_i)}\right]^{1/2}$
方差	$D_{\mathrm{x}}=\frac{1}{N}\sum_{i=1}^{N}(x_i-x_{\mathrm{av}})^2$	频率方差	$f_{\mathrm{v}}=\int_0^{\infty}(f-f_{\mathrm{avg}})^2p(f)\mathrm{d}f\Big/\int_0^{\infty}p(f)\mathrm{d}f$
峰-峰值	$x_{\mathrm{p-p}}=\max x_i-\min x_i$	频率标准差	$f_{\mathrm{rv}}=\left[\frac{(f-f_{\mathrm{avg}})^2p(f)\mathrm{d}f}{\int_0^{\infty}p(f)\mathrm{d}f}\right]^2$
偏态指标	$\alpha=\sqrt{\frac{1}{6N}\sum_{i=1}^{N}\left(\frac{x_i-x_{\mathrm{av}}}{\sqrt{D_{\mathrm{x}}}}\right)^3}$	谱峰稳定指数	$S=\sqrt{\frac{\sum_{i=1}^{\frac{n}{2}}\{f_i^2p(f_i)\}}{\sum_{i=1}^{\frac{n}{2}}p(f_i)}}\Bigg/\sqrt{\frac{\sum_{i=1}^{\frac{n}{2}}\{f_i^4p(f_i)\}}{\sum_{i=1}^{\frac{n}{2}}f_i^2p(f_i)}}$
峭度指标	$\beta=\sqrt{\frac{N}{24}}\left[\sum_{i=1}^{N}\left(\frac{x_i-x_{\mathrm{av}}}{\sqrt{D_{\mathrm{x}}}}\right)^4-3\right]$	第 1 频带相对能量	$E_{\mathrm{r}1}=\int_0^{B_{\mathrm{f}}}p(f)\mathrm{d}f\Big/\int_0^{F_{\mathrm{s}}}p(f)\mathrm{d}f$
峰值指标	$C_{\mathrm{f}}=\frac{x_{\mathrm{p}}}{x_{\mathrm{rms}}}$	第 2 频带相对能量	$E_{\mathrm{r}2}=\int_{B_{\mathrm{f}}}^{2B_{\mathrm{f}}}p(f)\mathrm{d}f\Big/\int_0^{F_{\mathrm{s}}}p(f)\mathrm{d}f$
波形指标	$S_{\mathrm{f}}=\frac{x_{\mathrm{rms}}}{x_{\mathrm{av}}}$	第 3 频带相对能量	$E_{\mathrm{r}3}=\int_{2B_{\mathrm{f}}}^{3B_{\mathrm{f}}}p(f)\mathrm{d}f\Big/\int_0^{F_{\mathrm{s}}}p(f)\mathrm{d}f$
脉冲指标	$I_{\mathrm{f}}=\frac{x_{\mathrm{p}}}{x_{\mathrm{rms}}}$	第 4 频带相对能量	$E_{\mathrm{r}4}=\int_{3B_{\mathrm{f}}}^{4B_{\mathrm{f}}}p(f)\mathrm{d}f\Big/\int_0^{F_{\mathrm{s}}}p(f)\mathrm{d}f$
裕度指标	$CL_{\mathrm{f}}=\frac{x_{\mathrm{p}}}{x_{\mathrm{r}}}$	第 5 频带相对能量	$E_{\mathrm{r}5}=\int_{4B_{\mathrm{f}}}^{5B_{\mathrm{f}}}p(f)\mathrm{d}f\Big/\int_0^{F_{\mathrm{s}}}p(f)\mathrm{d}f$

表 7.2 所示的频域特征参数中，可以表征功率谱主频带位置变化的参数有均方根频率、重心频率及均方频率等。当滚动轴承出现故障时，这些参数值会明显增加，主频区右移；当轴承处于正常状态时，由于频率成分主要为低频，因此这些参数值比较小。

7.2.3　时频域特征

频域分析对平稳信号有很好的分析效果，但对非平稳信号的分析则有所不足。小波分解相对于 Fourier 分析具有更精确的分析特点，其窗口形状可变，能够进行信号的局部时频分析。然而，随着使用范围的增多，其缺点也被放大，即小波分解方法的频率分析能力随频率的升高而逐渐降低，因此小波包分解方法应运而生。小波包分解方法可以将时频平面划分得更为细致，对信号高频部分的分辨率要好于小波分解，且可根据信号的特征自适应地选择最佳小波基函数，所以小波包分解方法应用更加广泛。

1. 小波包能量

当滚动轴承性能发生退化时，经过小波包分解后的各个节点能量也会发生相应的变化。因此，振动信号经过小波包分解后的小波包能量可用于选择某些特定子频带能量，作为表征滚动轴承退化的特征参量。小波包子频带的能量特征定义如下：

$$E_j^i(t)=\sum_{n=1}^{N}[x_{jn}^i(t)^2] \tag{7-5}$$

式中，E_j^i 为小波包能量特征；N 为小波包分解后节点信号 $x_j^i(t)$ 的长度。

2. 小波包能量比

小波包能量比通过计算小波包重构信号在不同时间尺度上的能量占比，反映滚动轴承性能退化情况。经小波包分解后的各子频段能量比的定义如下：

$$p_j^i=\frac{E_j^i(t)}{\sum_j E_j^i(t)} \tag{7-6}$$

式中，p_j^i 为小波包能量比特征；E_j^i 为小波包能量特征。

7.2.4 LCD 谱熵特征

信息熵可以定量地度量空间内的信息分布情况，LCD 分解后得到的多个 ISC 分量经过筛选重构后，可有效表示信号能量在不同尺度上的分布。结合信息熵理论可得到 LCD 谱熵特征，其具体计算公式如下。

1. LCD 能谱熵

计算各个 ISC 分量的能量及其在各尺度下的分布概率，可得

$$\mathrm{LH_E}=\frac{-\sum_{k=1}^{n}p_k\ln(p_k)}{\ln(n)} \tag{7-7}$$

式中，p_k 表示第 k 个分量的能量比。

在滚动轴承运行时，故障的加深会导致信号在各个 ISC 分量上能量分布不均，其能量会越来越集中地分布到其中某一分量上，此时 $\mathrm{LH_E}$ 值也会随着故障加深而越来越小。

2. LCD 奇异谱熵

利用 LCD 分解后得到的 ISC 分量与奇异值分解可得到相应的奇异值谱，结合信息熵理论可得到 LCD 奇异谱熵，其具体计算公式如下：

$$\mathrm{LH_Q}=\frac{-\sum_{g=1}^{n}p_g'\ln(p_g')}{\ln(n)} \tag{7-8}$$

式中，$p'_g = \frac{\sigma_g^2}{\sigma}(g=1,2,\cdots,n)$；$\mathrm{LH_Q}$ 为 LCD 奇异谱熵。

随着轴承故障由轻到重，信号奇异值谱会由均匀分布于各个分量逐渐变为集中分布于其中某几个分量，此时奇异谱熵 $\mathrm{LH_Q}$ 也会逐渐减小。

3. LCD 包络谱熵

分解后的 ISC 分量在包络域同样会随着滚动轴承故障加重而发生变化，结合 Hilbert 变换与信息熵，可以得到 LCD 包络谱熵，其具体计算公式如下：

$$\mathrm{LH_B^1} = \frac{-\sum_{i=1}^{N} p_i^g \ln(p_i^g)}{\ln(N)} \tag{7-9}$$

式中，$p_i^g = \frac{B_i^g}{\sum_i^N B_i^g}$，$B_i^g$ 表示第 g 个分量在第 i 点处的包络幅值。

由于有些 ISC 分量中含有噪声干扰，因此需要对其进行再次筛选，利用互相关系数与互信息进行分量筛选，最后选取敏感度最大的一个分量进行包络谱熵的求取。

7.3　混合域特征选择

7.3.1　特征评价准则

特征选择的目标是找到一组对故障诊断和性能退化评估有效的特征子集，在特征维数减少的同时其分类性能保持在一个较好的水平。特征评价是很多模式识别任务中的重要组成环节，目前有许多可靠、高效的方法，如核密度估计、皮尔逊相关系数、边界宽度、Fisher 判别、基于距离及基于互信息理论等方法[4]。在滚动轴承的性能退化评估及剩余寿命预测中，提取的性能退化特征应具备同类个体普适性、退化一致性、变动范围大等特点。与故障诊断有所不同，性能退化评估方法关注的是滚动轴承在整个寿命周期中性能状态的变化趋势。为了能更有效地进行寿命预测，有必要对已经提取的特征进行总体趋势评估。目前一些相关的研究方法还不够成熟，且人为地进行特征选取不具备普遍性。因此，本章针对以上问题引入相关性分析，综合考虑特征的单调性及预测性两个方面，并基于综合评价准则进行特征选择。

1. 单调性

单调性指标定义为

$$\mathrm{Mon}(Y) = \frac{\left|\sum_i \varepsilon(y_i - y_{i-1}) - \sum_i \varepsilon(y_{i-1} - y_i)\right|}{N-1} \tag{7-10}$$

式中，$Y=\{y_1, y_2, \cdots, y_N\}$，为性能退化特征序列；$N$ 为整个性能退化过程中的总监测次数；$\varepsilon(x)=\begin{cases}1, & x\geqslant 0\\ 0, & x<0\end{cases}$，为单位阶跃函数。

单调性表现了性能退化的一致性，其取值范围为[0,1]。单调性越接近 1，表明特征的单调性趋势越好，也能更好地进行性能退化建模与剩余寿命预测。

2. 预测性

预测性指标定义为

$$\mathrm{Pre}(Y)=\exp\left(-\frac{\sigma(y_{\mathrm{f}})}{\left|\overline{y}_{\mathrm{f}}-\overline{y}_{\mathrm{s}}\right|}\right) \tag{7-11}$$

式中，$\overline{y}_{\mathrm{s}}$ 为性能退化特征 y 在初始时刻的均值；$\overline{y}_{\mathrm{f}}$ 为退化特征 y 在失效时刻的均值；$\sigma(y_{\mathrm{f}})$ 为性能退化特征在失效时刻的标准差。

预测性指标是基于群体统计量而定义的，其取值范围为[0,1]。某种退化特征的变动范围越大且在失效时刻的标准差越小，则值越接近 1，表明该退化特征的预测性越好。

3. 相关性

相关性指标定义为

$$\mathrm{Corr}(Y)=\frac{\left|N\sum_i y_i t_i-\sum_i y_i\sum_i t_i\right|}{\sqrt{\left[N\sum_i y_i^2-\left(\sum_i y_i\right)^2\right]\left[N\sum_i t_i^2-\left(\sum_i t_i\right)^2\right]}} \tag{7-12}$$

式中，$Y=\{y_1,y_2,\cdots,y_N\}$，为性能退化特征序列；N 为整个性能退化过程中的总监测次数；t_i 表示第 i 个监测时刻。

相关性指标可以体现退化特征与轴承实际退化状态的关联情况，其值在[0,1]范围内。相关性指标越接近 1，表示该特征与轴承退化状态的关联度越高，也表示该特征能更好地表征轴承的退化情况。

4. 鲁棒性指标

鲁棒性指标定义为

$$\mathrm{Rob}(Y)=\frac{1}{N}\sum_i\exp\left(-\left|\frac{y_i-\tilde{y}_i}{y_i}\right|\right) \tag{7-13}$$

式中，$Y=\{y_1,y_2,\cdots,y_N\}$，为性能退化特征序列；N 为整个性能退化过程中的总监测次数；$Y=\{\tilde{y}_1,\tilde{y}_2,\cdots,\tilde{y}_N\}$，为相应性能退化特征的趋势序列。

鲁棒性指标刻画了性能退化特征对外界干扰的鲁棒性，取值范围仍为[0,1]。特征随时间表现越平滑，其鲁棒性指标越大，性能退化评估与剩余寿命预测的准确度越高。

7.3.2 基于 Hausdorff 距离的特征相似性分析

Hausdorff 距离通常用于分析两段数据点的匹配程度，Hausdorff 距离越大，表示两组数据中的数据点距离越远，即两组数据相似程度较低；同样 Hausdorff 距离越小，表明两组数据相似程度越高。相比于欧氏距离，Hausdorff 距离考虑了两组数据中的双向距离，因此更适用于特征的相似性分析。

定义 7.1 假设存在两组数据 $M=\{m_1,m_2,\cdots,m_p\}$， $N=\{n_1,n_2,\cdots,n_q\}$，则这两组数据之间的 Hausdorff 距离定义为

$$H(M,N)=\max\left[h(M,N),h(N,M)\right] \tag{7-14}$$

式中，

$$h(M,N)=\max_{m_i\in M}\min_{n_j\in N}\|m_i-n_j\| \tag{7-15}$$

$$h(N,M)=\max_{n_j\in N}\min_{m_i\in M}\|n_j-m_i\| \tag{7-16}$$

式中，$\|\cdot\|$ 为数据 M 与数据 N 之间的距离范数。

式（7-15）和式（7-16）代表两组数据之间的双向 Hausdorff 距离，其中 $h(M,N)$ 表示从数据 M 到 N 的 Hausdorff 距离，$h(N,M)$ 表示从 N 到 M 的 Hausdorff 距离。$h(M,N)$ 的求取方式为计算数据 M 与 N 之间所有点之间的距离，将其按照降序排列，并选择距离最大的值。以同样的步骤进行 $h(N,M)$ 的求取，并综合比较两个值的大小，得到最终的 Hausdorff 距离。相对于传统的欧氏距离，Hausdorff 距离对于特征的相似性评价更加准确，考虑了两组特征数据间最远距离与最近距离的关系，尤其是当对数据长度不相等的两个特征进行相似性比较时，利用 Hausdorff 距离更准确。

通常，提取的特征越多，越能全面地表征轴承的退化状态，但过多的特征通常会存在一定的冗余问题，因此需要对提取的混合域多特征进行选择，选择最优的特征进行剩余寿命预测研究。首先，采用基于 Hausdorff 距离的相似性分析方法将所有特征分类；然后，选取每类中最优的特征，以去除冗余的信息。本章将基于 Hausdorff 距离的相似性分析用于特征分类中，对所有混合域特征进行归一化处理，并依据 Hausdorff 距离计算所有特征之间的相似程度。

7.3.3 基于综合评价准则的特征选择

选取特征参数需要一定的原则与技巧。实际上，多年的经验与实践表明，一般选取特征参数要遵循灵敏度高、可靠性高及可行性原则，具体如下[5]。

1）灵敏度高：当滚动轴承的状态发生变化不大时，特征参数要能很明显地反映出来。

2）可靠性高：如果把故障类型与特征参数看作一对函数，那么这种函数类型应是单值函数。也就是说，当故障类型发生变化时，相应的特征参数必定随之发生改变。

3）可行性：表征故障状态的特征参数必须是那些很容易采集获取的，否则即使满足前面的要求，也不太适合用作故障特征参数。

单独的一个性能评价指标只能片面地度量备选特征对性能退化评估的适应性。为了综合利用多个评价指标，需要构建一个加权的线性组合来融合多个评价指标，并以此作为退化特征的最终选择标准[6]。

本章在基于 Hausdorff 距离的相似性分析基础上，综合考虑了特征的单调性及预测

性情况，提出了一种综合评价准则，用于进行滚动轴承的性能退化特征选择。在对所有特征进行基于 Hausdorff 距离的相关性分析的分类后，需要对特征进行选择。考虑到在滚动轴承退化过程中，单调性及预测性对于剩余寿命预测研究有重要的意义，定义综合评价指数为一个有约束的线性组合，如下：

$$\mathrm{CE}_i = \alpha \mathrm{Mon}_i + (1-\alpha)\mathrm{Pre}_i \tag{7-17}$$

式中，CE_i 为第 i 个特征的综合评价指数；Mon_i 为第 i 个特征的单调性值；Pre_i 为第 i 个特征的预测性值；α 为权重，通常情况下取为 0.5。

根据备选特征集计算出单个性能评价指标之后，需要通过最大值的方法将每一个指标规范到[0,1]，再进行加权计算，即可保证每个评价指标不会因为数量级差异而在加权运算中被淹没。

7.4 滚动轴承混合域退化特征选择算法流程

滚动轴承混合域退化特征选择算法流程如下。

步骤 1 对滚动轴承退化特征样本集 X_{org} 进行归一化处理，得到归一化的特征样本集 X，X 中的退化特征数目为 M，样本数目为 N。

步骤 2 依据 Hausdorff 距离计算所有特征之间的相似度。

步骤 3 将归一化的特征样本集 X 的 M 个特征分为 K 类。

步骤 3.1 初始化分类树，从步骤 2 中选出相似度最小的两个特征分别作为第一类与第二类的类中心。

步骤 3.2 继续从其余待选特征中选择与已选特征相似性最小的特征作为下一类的类中心。

步骤 3.3 重复步骤 3.2，直至得到 K 个类中心。

步骤 3.4 将剩余的待选特征依据 Hausdorff 距离相似性逐一归类到与之最为相似的类中，最终将归一化的特征样本集 X 中的 M 个特征分为 K 类。

步骤 4 选取 K 类特征中每类的最优特征，形成最优特征样本集 X_opt 。

步骤 4.1 综合考虑特征的单调性与预测性两个指标，依据式（7-17）对 K 类中的所有 M 个特征进行综合评价。

步骤 4.2 依据特征的综合评价指数 CE_i 从 K 类特征子集中选取每类中指标值最大的特征，形成最优特征集 X_opt ，最终退化特征数目为 K。

7.5 实验与分析

7.5.1 仿真分析

构造滚动轴承退化仿真信号 $x(t)$，表达式为

$$x(t)=\begin{cases}\dfrac{0.002t+1}{100}+0.001\times\text{randn}, & t\leqslant 200\\ \dfrac{1}{100b}(1.04t+0.001\times\text{randn}), & t>200\end{cases} \tag{7-18}$$

式中，t 为时间；randn 为添加的白噪声。

为了使曲线在 200s 处足够平滑，取 b 为 1821.96，仿真信号 $x(t)$的时域波形如图 7.2 所示。

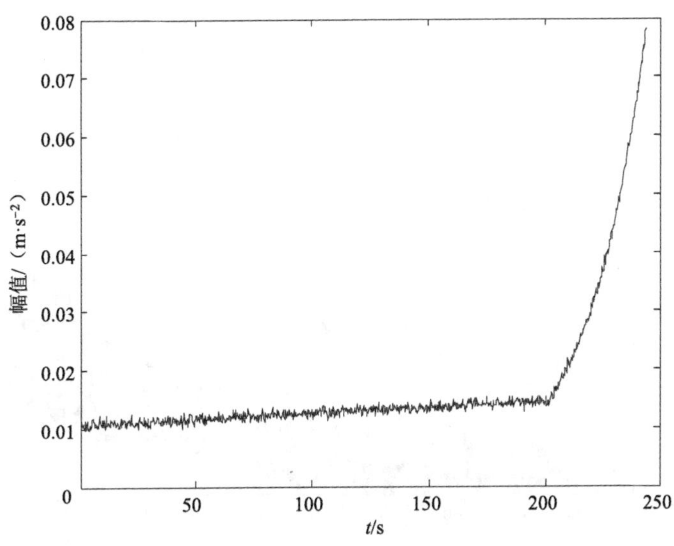

图 7.2 仿真信号 $x(t)$的时域波形

为了验证基于 Hausdorff 距离的相似性分析与综合评价准则的效果，现对滚动轴承退化仿真信号 $x(t)$进行混合域特征提取与选择。提取出仿真信号 $x(t)$的多域特征后，首先利用基于 Hausdorff 距离的相似性分析对其进行分类；然后依据综合评价准则进行特征选取，得到八个特征，如表 7.3 所示，选取前六个特征。

表 7.3 特征综合评价结果

序号	特征	单调性	预测性
1	有效值	0.9214	0.8664
2	LCD 能量谱熵	0.9635	0.7683
3	峭度指标	0.9564	0.7903
4	偏态指标	0.9196	0.6908
5	峰值指标	0.9435	0.7754
6	均方根频率	0.9025	0.8863
7	峰-峰值	0.5382	0.5672
8	脉冲因子	0.4842	0.4832

从表中可以看出，前六个特征的单调性与预测性均比较理想，有利于轴承剩余寿命预测。

7.5.2 不同损伤程度实验

本小节对 3.4.1 节中的美国凯斯西储大学电气工程实验室的滚动轴承数据集进行分析。利用基于 Hausdorff 距离的相似性分析构造最优特征集，包括有效值、LCD 能量谱熵、峭度指标、偏态指标、峰值指标和均方根频率，如图 7.3 和图 7.4 所示。

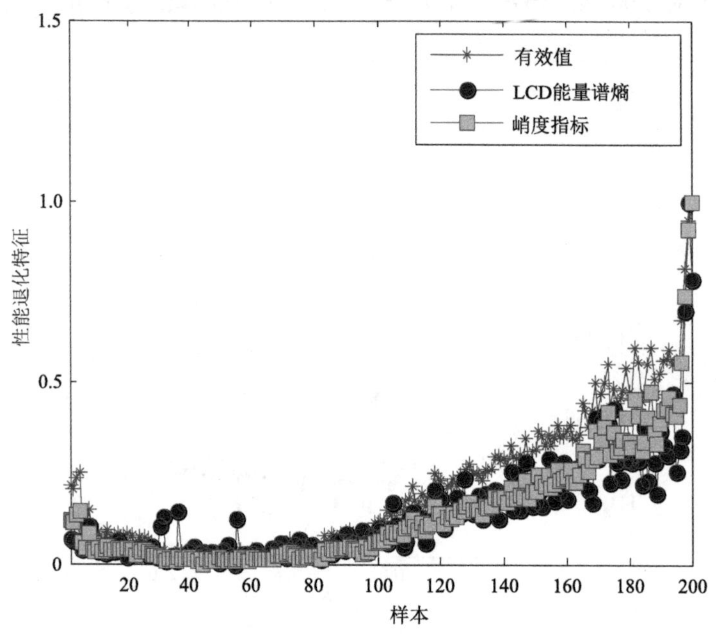

图 7.3　最优特征 1～3

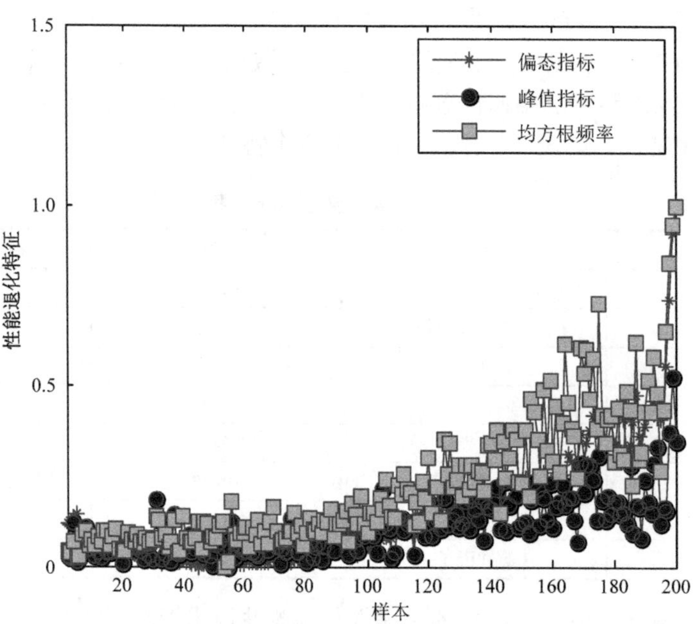

图 7.4　最优特征 4～6

为了方便观察，从原始信号中进行间隔抽样，获得 200 个样本数据，提取上述混合域内六个特征构成最优特征集。从图 7.3 和图 7.4 中的特征变化趋势可以看出，其具有较好的单调性，且能够较好地反映轴承退化的不同阶段。图 7.3 和图 7.4 中，第 100 个样本左右特征的幅值开始出现明显上升，此时与原始时域图中的第 2000 个样本相对应；同样，在第 3000 个样本左右开始进入重度退化期，提取的轴承的退化特征图中也有相应的体现。因此，选择的特征能表征出轴承的退化状态，有利于轴承的剩余寿命预测。

为了进一步验证基于 Hausdorff 距离的相似性分析的优势，将其与基于欧氏距离选择的特征分别输入概率神经网络（product-based neural network，PNN）中进行训练识别，将输入层神经元个数设置为 6，模式层神经元个数设置为总样本数 150，求和层神经元个数设置为样本类别 3。每种状态随机选取 50 组，其中 30 组作为训练样本，剩余 20 组作为测试样本，进行 4 次识别，将平均准确率作为实际准确率，识别结果如表 7.4 所示。

表 7.4　准确率　　单位：%

不同特征选择方法选择的特征	准确率	
	Hausdorff 距离	欧氏距离
1	93.78	86.73
2	92.15	87.56
3	93.55	84.16
4	91.72	88.78
5	91.97	87.01
平均准确率	92.63	86.85

从表中可以看出，基于 Hausdorff 距离的相似性分析选出的特征对于滚动轴承的退化状态识别准确率可达 92.63%，高于基于欧氏距离选择的特征，说明基于 Hausdorff 距离的相似性分析方法具有较好的特征分类与选择能力，所选的特征有较好的状态表征能力。

为了直观地比较综合评价准则的优越性，引入平均绝对误差（mean absolute error，MAE）、相对平均绝对误差（relative mean absolute error，RMAE）及累积相对准确度（accumulated relative accuracy，CRA），对比单一的单调性和预测性选择的特征对于不同退化状态的识别误差，计算公式如下[4]：

$$\text{MAE}=\sqrt{\frac{1}{N}\sum_{i=1}^{N}\left|y_i-\widehat{y_i}\right|} \tag{7-19}$$

$$\text{MARE}=\sqrt{\frac{1}{N}\sum_{i=1}^{N}\left|\frac{y_i-\widehat{y_i}}{y_i}\right|}\times 100\% \tag{7-20}$$

$$\text{CRA}=\frac{1}{N}\sum_{i=1}^{N}w_i RA(T_i) \tag{7-21}$$

式中，y_i 为第 i 个样本的识别误差；N 为样本个数；$w_i=\dfrac{i}{\sum_{i=1}^{N}i}$；$RA(T_i)$ 表示此处需要计算 T_i

的相对准确度。

分别依据单调性、预测性与综合评价准则进行特征选择的比较，结果如图 7.5 所示。

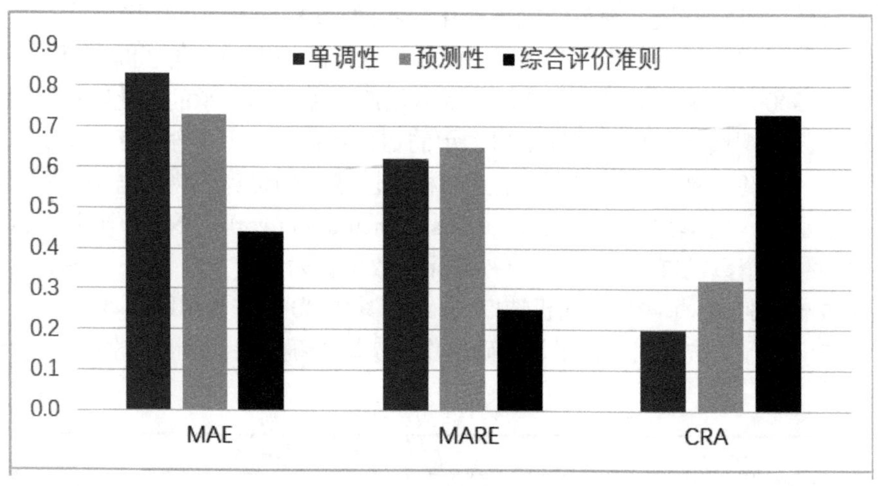

图 7.5　不同特征选择方法的比较结果

从图中可以看出，在同一工况下，基于综合评价准则选择的特征其退化状态识别结果在绝对平均误差、平均相对误差及累积相对准确率方面均优于前两种单一指标选择的特征，验证了综合评价准则在特征选择方面的有效性。上述实验说明，本章提出的基于 Hausdorff 距离的相似性分析与综合评价准则的特征选择方法具有一定的优越性。

本章小结

本章提取滚动轴承包括时域、频域、时频域及熵域在内的混合域多特征，形成初选特征集，并利用基于 Hausdorff 距离的相似性分析与综合评价准则进行了特征选择，构造出最优特征集，为接下来的融合退化指标建立及滚动轴承的剩余寿命预测提供了基础数据。通过特征趋势图可以看出，选择的特征对于轴承的退化趋势均有较好的反映。随着轴承运行时间的累积，特征指标值也呈单调性变化，表明其可以为滚动轴承的退化状态表征提供参考，能够比较完美地提取出退化特征，且与单一指标的特征选择方法相比更具有优越性，同时仿真分析与实验验证了混合域多特征选择方法的优越性。

参考文献

[1] YAN X A, JIA M P. A novel optimized SVM classification algorithm with multi-domain feature and its application to fault diagnosis of rolling bearing[J]. Neurocomputing, 2018(313): 47-64.

[2] 王奉涛，苏文胜. 滚动轴承故障诊断与寿命预测[M]. 北京：科学出版社，2018.

[3] 程军圣，杨怡，杨宇. 局部特征尺度分解方法及其在齿轮故障诊断中的应用[J]. 机械工程学报，2012，48（9）：64-71.

[4] 燕晨耀. 基于多特征量的滚动轴承退化状态评估和剩余寿命预测方法研究[D]. 成都：电子科技大学，2016.

[5] 曾庆凯. 滚动轴承性能退化表征与剩余寿命预测方法研究[D]. 郑州：郑州航空工业管理学院，2020.

[6] ZHANG B, ZHANG L, XU J. Degradation feature selection for remaining useful life prediction of rolling element bearings[J]. Quality and Reliability Engineering International, 2016, 32(2): 547-554.

第 8 章　基于迁移学习的谱聚类

随着机械大数据时代的到来，在机械健康监测过程中，积累的各类监测数据越来越多。然而，由于滚动轴承性能退化的特殊性，这些历史数据相关却不相似，无法直接用于实际问题中特定轴承的故障诊断及预测中。目前的理论方法多是致力于对各类评估或预测算法性能的进一步改进及完善，忽略了历史监测数据的存在。实际上，数据驱动的滚动轴承故障预测方法是有适用前提的，即要保证有充足的样本。当样本数据匮乏时，单纯通过对原有理论方法进行改进的途径难以再取得突破性的进展。如何从这些已有的历史数据中挖掘知识，将其用于对不同但相关的领域问题进行求解是非常有意义的一项研究工作，可以有效改善故障诊断及预测问题中存在的数据或知识不足的问题。

研究发现，迁移能力是人类与生俱来的能力[1]。得益于人脑的特殊结构，人类能够快速学习知识，并且对许多未见的事物也能很快地辨识。人们在学习过程中最受用的方式就是举一反三，如一个会打网球的人，能够更快学会打羽毛球等。迁移学习是将在解决一个问题时获得的知识应用到解决另一个不同但相关的问题当中，目的是在新的任务中获得更好的学习效果。本章利用迁移学习的思想研究一种迁移聚类方法，用于解决机器学习中的小样本问题，从而改善机器学习的性能。

8.1　谱聚类理论

聚类是按照一定的要求和规律对事物进行区分和分类的过程。作为重要的无监督学习方法，聚类分析可以用于发现庞大而复杂的数据结构[2]。目的是根据聚类目标将数据集划分为若干簇或类，使簇或类内的点之间相似性较大，而簇或类间的点之间相似性较小[3]。在该过程中没有任何关于分类的先验知识，仅以事物间的相似性作为类别划分准则。常见的诸如 C-means、FCM、最大期望（expectation maximization，EM）、极大熵聚类（maximum entropy clustering，MEC）等方法在 Gauss 分布数据集上的聚类效果良好，而在非 Gauss 分布数据集上的聚类效果则不够理想[4-5]。谱聚类算法作为一种从图论演化而来的算法，不受样本空间形状的制约，且收敛于全局最优解，在一定程度上解决了这个问题[6]。

8.1.1　基本理论

谱聚类的思想来自图划分理论[7]，图中反应数据点之间的相似程度，并没有对数据聚类形式做出任何假设。

1. 图的概念

定义 $G=(V,E)$ 为一个无向加权图，$V=\{v_1,v_2,\cdots,v_n\}$ 为顶点集合，$E=\{e_1,e_2,\cdots,e_m\}$ 为所有顶点之间连接边的集合，顶点 v_i 和 v_j 之间的连接权重表示为 w_{ij}，则图 G 可以用

邻接矩阵 $\boldsymbol{W}=(w_{ij})(i,j=1,2,\cdots,n)$ 表示。如果 $w_{ij}=0$，则表示顶点 v_i 和 v_j 之间不存在连接，否则顶点 v_i 和 v_j 之间存在连接。对于无向图 G，有 $w_{ij}=w_{ji}$，即邻接矩阵 $\boldsymbol{W}$ 为对称矩阵。

顶点 $v_i(v_i \in V)$ 的度定义为

$$d_i=\sum_{j=1} w_{ij}, j \in \text{adjacent}(i) \tag{8-1}$$

顶点 v_i 的度实际上就是无向图中所有与顶点 v_i 连接边的权重之和。由此可以定义一个由 $d_1,d_2,\cdots,d_n$ 组成的对角矩阵 $\boldsymbol{D}$，称为度矩阵。

2. 图的划分

根据给定的样本数据集构造图 G，连接边上的权重 w_{ij} 可用于表示第 i 个数据点和第 j 个数据点之间的相似度，$\boldsymbol{W}=(w_{ij})$ 也称为相似矩阵。对于无向加权图 G，聚类问题实际上就是要找出图的一个划分，使得不同类之间的权重尽量小，而同类之间连接边的权重尽量大。划分准则的选取直接影响聚类结果的好坏。常见的划分准则有最小割准则、规范割准则、最大最小割准则、比例割准则、平均割准则和多路规范割集准则等。

1）最小割准则[8]。对于图 $G=(V,E)$，图 G 被划分为 A 和 B 两部分，且有 $A \cup B=V$，$A \cap B=\varnothing$，则其目标函数表示如下：

$$\text{cut}(A,B)=\sum_{u\in A, v\in B} w(u,v) \tag{8-2}$$

式中，$w(u,v)$ 为顶点 u 和 v 之间的权重。

2）规范割准则[9]。其目标函数表达如下：

$$\text{NorCut}(A,B)=\frac{\text{cut}(A,B)}{\text{vol}(A)}+\frac{\text{cut}(A,B)}{\text{vol}(B)} \tag{8-3}$$

式中，$\text{cut}(A,B)=\sum_{u\in A, v\in B} w(u,v)$；$\text{vol}(A)=\sum_{u\in A, v\in V} w(u,v)$，$\text{vol}(A)$ 是 A 到图中所有顶点的权重之和；$\text{vol}(B)=\sum_{u\in B, v\in V} w(u,v)$。

与最小割准则相比，该准则考虑了类与类之间的平衡性。

3）最大最小割准则[10]：

$$\text{MaxMinCut}=\frac{\text{cut}(A,B)}{\text{cut}(A,A)}+\frac{\text{cut}(A,B)}{\text{cut}(B,B)} \tag{8-4}$$

该准则产生平衡割集，缺点是计算速度较慢。

4）比例割准则[11]：

$$\text{RCut}=\frac{\text{cut}(A,B)}{\min(|A|,|B|)} \tag{8-5}$$

式中，$|A|$ 和 $|B|$ 分别为 A 和 B 中顶点的个数。

5）平均割准则[12]：

$$\text{AveCut}=\frac{\text{Cut}(A,B)}{|A|}+\frac{\text{Cut}(A,B)}{|B|} \tag{8-6}$$

式中，$|A|$ 和 $|B|$ 分别为 A 和 B 中顶点的个数。

该准则倾向于欠分割。

6）多路规范割集准则[13]。上述五种准则都是将图 G 划分为两个子图，而多路规范割集准则是将图 G 划分为多个子图，其目标函数表示如下：

$$\text{MulCut}=\frac{\text{cut}(A_1,\overline{A_1})}{\text{vol}(A_1)}+\frac{\text{cut}(A_2,\overline{A_2})}{\text{vol}(A_2)}+\cdots+\frac{\text{cut}(A_k,\overline{A_k})}{\text{vol}(A_k)} \tag{8-7}$$

式中，$\overline{A_i}$ 为 $A_i(i=1,2,\cdots,k)$ 的补集。

当 k 等于 2 时，MulCut 与 NorCut 等价。

3. 拉普拉斯（Laplace）矩阵

谱聚类算法的主要分析工具是图的 Laplace 矩阵，本章定义了不同的 Laplace 矩阵并介绍了 Laplace 矩阵的一些重要性质。Laplace 矩阵均定义在无向加权图 G 上，如前所述，w_{ij} 表示图 G 的第 i 个样本点和第 j 个样本点之间的边权重，同时也表示第 i 个样本点和第 j 个样本点之间的相似度，通常按下式设置边权重：

$$w_{ij}=\begin{cases}\exp\left(\dfrac{-\|x_i-x_j\|^2}{2\sigma^2}\right), & i\neq j\\ 0，\text{其他}\end{cases} \tag{8-8}$$

式中，σ 为尺度参数，控制着相似度值 w_{ij} 随欧氏距离衰减的速度。

Laplace 矩阵是谱图理论研究的基础，通常分为未规范 Laplace 矩阵和规范 Laplace 矩阵两种。

1）未规范 Laplace 矩阵的定义如下：

$$\boldsymbol{L}_{\text{unnor}}=\boldsymbol{D}-\boldsymbol{W} \tag{8-9}$$

未规范 Laplace 矩阵具有如下性质。

① 对于向量 $\boldsymbol{f}\in R^n$，满足：

$$\boldsymbol{f}'\boldsymbol{L}\boldsymbol{f}=\frac{1}{2}\sum_{i,j=1}^{n}w_{ij}(f_i-f_j)^2 \tag{8-10}$$

② $\boldsymbol{L}$ 是对称且半正定的。

③ $\boldsymbol{L}$ 的最小特征值为 0，对应的特征向量为所有元素都为 1 的向量。

④ $\boldsymbol{L}$ 有 n 个非负的、实的特征值，即 $0\leqslant\lambda_1\leqslant\lambda_2\leqslant\cdots\leqslant\lambda_n$。

对于无向加权图，有如下命题。

命题 8.1　G 为一个无向加权图，则其未规范 Laplace 矩阵 $\boldsymbol{L}$ 的特征值为 0 的个数即为 G 中独立的连通分量的个数，即若其有 k 个特征值为 0，则其有 k 个连通分量 $A_1,A_2,\cdots,A_k$，特征值为 0 的特征空间由连通分量的指示向量 $l_{A1},l_{A2},\cdots,l_{Ak}$ 张成。

2）规范 Laplace 矩阵有两种，表达式分别如下：

$$\boldsymbol{L}_{\text{nor1}}=\boldsymbol{D}^{-\frac{1}{2}}\boldsymbol{W}\boldsymbol{D}^{-\frac{1}{2}}=\boldsymbol{I}-\boldsymbol{D}^{-\frac{1}{2}}\boldsymbol{W}\boldsymbol{D}^{-\frac{1}{2}} \tag{8-11}$$

$$\boldsymbol{L}_{\text{nor2}}=\boldsymbol{D}^{-1}\boldsymbol{L}=\boldsymbol{I}-\boldsymbol{D}^{-1}\boldsymbol{A} \tag{8-12}$$

至于如何选择合适的 Laplace 矩阵，目前尚无定论。文献[14]指出，当度矩阵 $\boldsymbol{D}$ 中对角线上各个元素大小大致相同时，用上述三种形式的 Laplace 矩阵聚类所得结果基本相同；否则，聚类所得结果大相径庭。

8.1.2 经典谱聚类算法框架

经典谱聚类算法的实现过程如下。

输入： n 个样本点 $X = x_1, x_2, \cdots, x_n$、聚类个数 l、参数 σ。

输出： 聚类结果 $c_1, c_2, \cdots, c_l$。

步骤 1 构建样本的相似矩阵 $\boldsymbol{W}$。

步骤 2 计算 Laplace 矩阵 $\boldsymbol{L}$。

步骤 3 构建规范化后的 Laplace 矩阵 $\boldsymbol{L}$。

步骤 4 计算 $\boldsymbol{L}$ 的前 k 个最小特征值各自对应的特征向量，组成矩阵且对其进行标准化，得到特征矩阵 $\boldsymbol{U} = \{u_1, u_2, \cdots, u_k\}$。

步骤 5 采用 FCM 等对 $\boldsymbol{U}$ 进行聚类，得到聚类结果，聚成 $\{c_1, c_2, \cdots, c_l\}$。

聚类作为数据挖掘中数据处理的重要方法被广泛应用。传统的聚类算法虽然在 Gauss 分布的样本空间有较好的聚类效果，但是在非 Gauss 分布样本空间很容易陷入局部最优解。谱聚类不受样本空间的影响，在非 Gauss 分布样本空间上也可以得到全局最优解。本章所要研究的滚动轴承的样本空间常呈现非 Gauss 分布，使用谱聚类作为研究方法来对退化阶段进行聚类，进而对退化阶段进行划分。

8.2 迁移学习理论

人们在学习过程中最受用的方式就是举一反三，如一个会打网球的人，能够更快地学会打羽毛球。美国心理学家爱德华·李·桑代克（Edward Lee Thorndike）指出，人类的迁移能力来源于大脑对事物间相同要素的发掘，他将这种能力概括为：两种学习“只有当机能具有相同要素时，一种机能的变化才能改变另一种机能”。也就是说，在刺激与反应方面有相同或相似之处，这相同或相似之处和迁移作用成正比。两种学习情境的相同或相似之处越多，如学习材料性质、学习目的、学习方法、学习过程、学习态度、一般原则或原理等越是相同或相似，则前一种学习越能对后一种学习发生迁移作用。

受到人类学习方式的启发，研究者研究了机器学习中的迁移学习，以此改善目前现有机器学习方法中的缺点。迁移学习的理论研究从 20 世纪 90 年代开始，斯坦福大学教授吴恩达（Andrew Ng）曾经说过，迁移学习将是下一次机器学习成功的驱动力。2010 年，Pan 和 Yang 对迁移学习研究进行了整理和总结，发表了一篇公认最具代表性的迁移学习综述，其中对迁移学习进行了具体的定义[15]。简单来说，迁移学习就是将在解决一个问题时获得的知识应用到解决另一个不同但相关的问题当中，目的是在新的任务中获得更好的学习效果。迁移学习的基本原理如图 8.1 所示。

迁移学习的目标是将某个领域任务中学习到的知识或模式应用到不同但相关的领

域或问题中。传统轴承性能退化评估方法的研究都是基于大量的已知退化数据，当数据匮乏时得到的评估模型不够准确，缺乏可参照性，而迁移学习的引入可在一定程度上解决这个问题。所以，在机器学习中加入迁移学习可以帮助研究者解决更多问题[16-20]：文献[20]提出一种基于协同聚类的自学习聚类（self-learning transfer clustering，STC），文献[21]通过联合聚类方法提出迁移谱聚类方法（transfer spectral clustering，TSC），文献[19]提出基于 F-范数正则项的迁移谱聚类方法（TSC based on inter-domain F-norm regularization，TSC-IDFR），文献[22]提出使用中心与隶属度信息的面向领域知识迁移的方法。

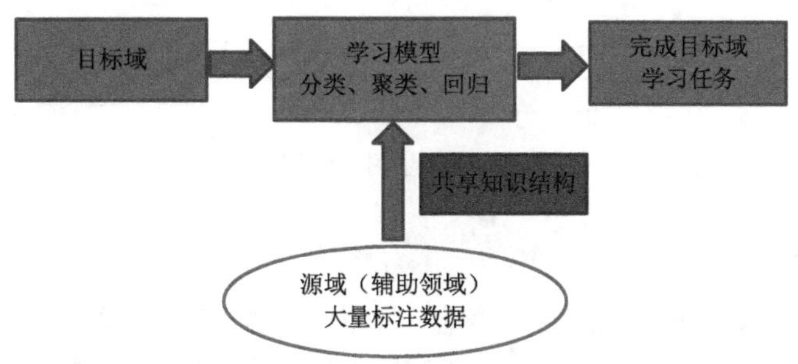

图 8.1　迁移学习的基本原理

表 8.1 给出了迁移学习在跨领域学习方面与传统机器学习方法对数据集要求的对比，可以看出传统机器学习都是在目标域上的学习，迁移学习则进行了跨领域的学习；同时，迁移学习既可以利用有标签的数据，也可以利用无标签的数据，是一种不同于传统机器学习的方法。传统机器学习和迁移学习的过程分别如图 8.2 和图 8.3 所示。

表 8.1　迁移学习与传统机器学习方法对比

比较项目	传统机器学习	迁移学习
数据分布	训练和测试数据分布相同	训练和测试数据分布不同
数据标注	要足够数据标注来训练	不需要足够的数据标注
建立模型	每个任务分别建立模型	模型可以在不同任务之间迁移

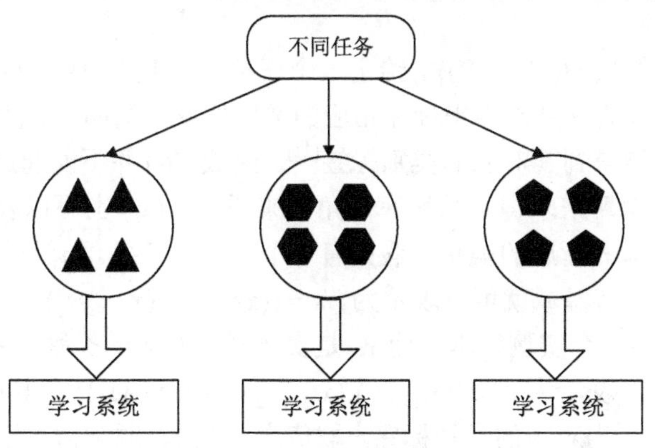

图 8.2　传统机器学习的学习过程

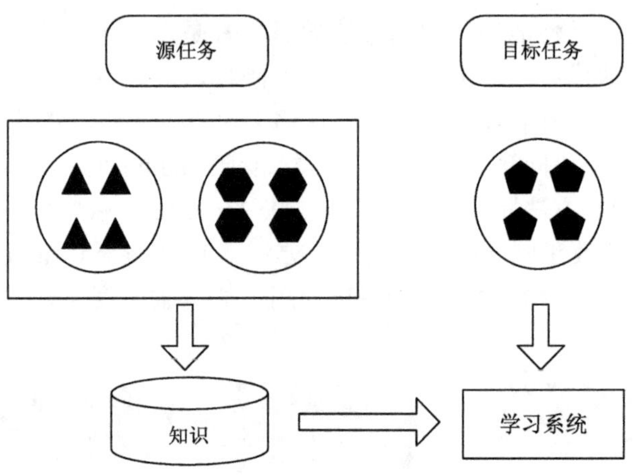

图 8.3　迁移学习的学习过程

8.2.1　基本概念

迁移学习有两大不可或缺的核心概念：领域和任务，其中领域又可分为源域（source domain，SD）和目标域（target domain，TD），任务也可以分为源任务和目标任务[15]。已有的知识称为源域，要学习的新知识称为目标域，其中知识包括数据知识和模型知识。任务指的是解决问题需要建立的模型。对源域的知识进行迁移，目的是完成目标域的任务，即建立一个理想的目标域模型。

1. 领域

领域是指现实中某一群体，该群体具有一定特有的性质，如大树和蚂蚁便属于不同的领域，给定一个领域 $D\{X,P(X)\}$，其由两个组成部分：特征空间 X 和边缘概率分布 $P(X)$，其中，$X=\{x_1,x_2,\cdots,x_n\}$，x_i 为特征空间中的第 i 个特征向量（实例样本），而 X 表示一个特殊的样本集[19-20]。一般情况下，参考的数据来自不同的事物，但都是相似的领域，所以分布特征和边缘概率分布不同。

2. 任务

对于一个特定领域 $D\{X,P(X)\}$，给定一个任务 $T=\{Y,F(\cdot)\}$，其中 $Y=\{y_1,y_2,\cdots,y_n\}$ 为类别标记空间，函数 $F(\cdot)$ 则用来标注相应的类别标签。例如，x_i 为一个实例样本，那么通过函数 $F(\cdot)$ 就能得到其对应的类别标签[21]。函数 $F(\cdot)$ 并不能通过观察得到，而需要通过对训练数据的学习来求得。从概率的角度来说，$F(x_i)$ 也可以表示为 $P(y_i\,|\,x_i)$，则标签 y_i 就是实例样本 x_i 所属的类别。假如有一个二分类任务，y_i 只能为 0 或 1，表示是否属于某一类别，那么源域就可以表示为 $Xs=\{(xs_1,ys_1),(xs_2,ys_2),\cdots,(xs_n,ys_n)\}$。其中，$xs_i\in Xs$，是源域的一个实例样本；而 ys_i 是实例样本对应的类别标签，取值为 0 或 1。同理，目标域也可以表示为 $Yt=\{(xt_1,yt_1),(xt_2,yt_2),\cdots,(xt_n,yt_n)\}$。其中，$xt_i\in Yt$，为目标域的实例样本；$yt_i$ 为对应的类别标签，取值为 0 或 1。通常情况下，目标领域的实例样本量要远少于源域的实例样本量。对领域及任务概念进行介绍后，便可给出迁移学习

的一个形式化定义。

定义 1　迁移学习。

给定一个源域 Xs 和学习任务 Ts，一个目标领域 Yt 和学习任务 Tt，迁移学习的目的是利用 Xs 和 Ts 中的知识来提高 Yt 中的目标任务预测函数 $F(\cdot)$ 的预测效果，以此增强对目标任务 Tt 的学习能力，其中 $Xs \neq Yt$ 或 $Ts \neq Tt$。

在上述定义中，因为 $D\{X,P(X)\}$，$Xs \neq Yt$，所以推出必然存在特征空间 X 不同或边缘概率分布 $P(X)$ 不同；相应地，$T=\{Y,F(\cdot)\}$，$Ts \neq Tt$，可以推出必然有类别标签 Y 不同或预测函数 $F(\cdot)$ 不同，而如果 $Xs = Yt$ 且 $Ts = Tt$，那么这便属于传统的机器学习范畴。

在源域数据或任务与目标域数据或任务存在差异的情况下，利用源域的数据和任务中获得的知识可提升目标域任务 Tt 的学习效果，即提升函数 $F(\cdot)$ 的泛化能力。在迁移学习中，对目标域模型泛化能力有益的迁移学习称为正迁移，而使目标域模型泛化能力减弱的迁移学习称为负迁移，迁移学习的目标是有效利用正迁移尽量减少负迁移。

8.2.2　迁移学习的类型

按特征空间、类别空间、边缘分布、条件分布等问题因素在领域间的异同，迁移学习可大致划分为如图 8.4 所示的类型[18,23]。

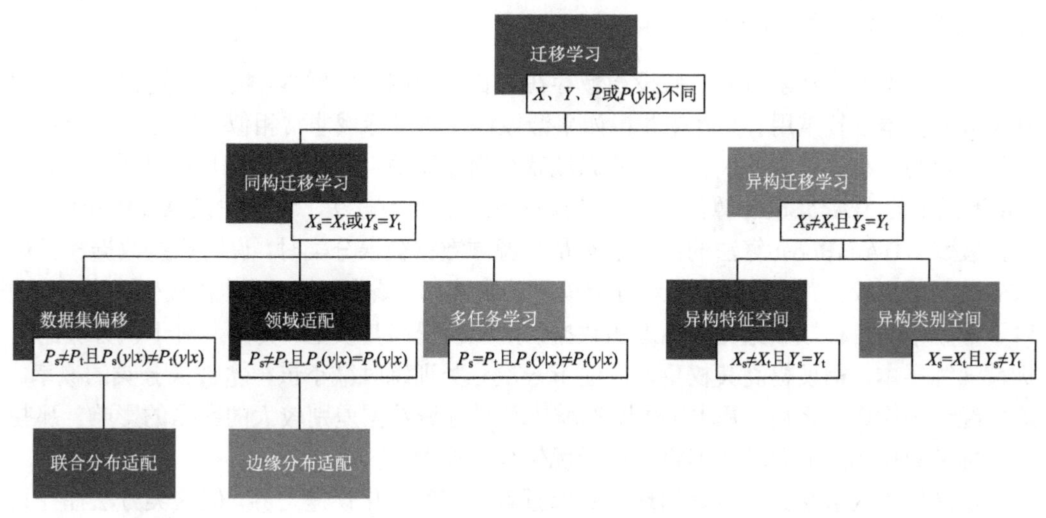

图 8.4　迁移学习的类型

1. 同构迁移学习

根据边缘概率分布和条件概率分布的异同，同构迁移学习可进一步分为数据集偏移、领域适配、多任务学习三种子类型，如图 8.4 所示。领域间的边缘概率分布和条件概率分布都不相同，即 $P_s(x) \neq P_t(x)$ 且 $P_s(y\mid x) \neq P_t(y\mid x)$ 的同构迁移学习称为数据集偏移，这是较难的迁移学习场景，已有研究工作较少且主要基于实例权重法。通常要求目标域存在少量标注数据，这限制了迁移学习的应用范畴。

满足领域间边缘概率分布不同，即 $P_s(x) \neq P_t(x)$ 的同构迁移学习称为领域适配，包括样本选择偏置和方差偏移等，是迁移学习中研究得最为充分的问题[23]。

满足领域间条件概率分布不同，即 $P_s(y|x) \neq P_t(y|x)$ 的同构迁移学习称为多任务学习。其通过同时学习多个任务、挖掘公共知识结构，完成知识在多个任务间的共享和迁移。多任务学习是与领域适配相对应的另一个迁移学习主流分支，研究已近 20 载。多任务学习侧重学习算法在所有领域任务上的综合性能，而领域适配则侧重目标域任务上的学习性能。此外，多任务学习要求每个任务都存在部分标注数据，而领域适配仅要求辅助领域存在标注数据。

2. 异构迁移学习

根据领域间特征空间和类别空间的异同，异构迁移学习包括异构特征空间和异构类别空间两种子类型。异构特征空间指辅助域和目标域位于不同特征空间 $X_s \neq X_t$ 的异构迁移学习。其典型的应用是跨语言文本分类和检索，其中训练数据和测试数据来自不同的语言类型。异构类别空间指辅助领域和目标域的类别空间不一致，$Y_s \neq Y_t$。

在异构特征空间进行迁移学习时，通常必须依赖领域特定的先验知识，如特征空间之间的关联关系等。如果没有这类先验知识，则难以进行异构迁移学习。

8.2.3 迁移学习的方法

8.2.3.1 基于样本的迁移学习

基于样本的迁移学习方法假设源域存在与目标域相似的样本，根据一定权重分配规则对数据样本进行重用。具体来说，如果源域样本与目标域非常相似，则增大该样本的权重；否则减小该样本的权重，使从源域获得的知识最大限度地帮助目标域进行学习。Dai 等提出的 TrAdaBoost 算法是一种典型的基于实例的方法，该算法是 AdaBoost 算法的拓展[20]。TrAdaBoost 算法的主要思想是当源域数据被误分类时，说明这些数据和目标域的数据差别较大，需要减小其对分类模型的影响，应该降低这些数据的权重；相应地，对于源域中与目标域数据比较相近的数据，则应该提高其权重。另外，对于误分类的目标域训练样本，需要提高其权重，以便下一次分类训练时减小该样本被误分类的概率。这样经过多次迭代之后，基本可去除源域中与目标域数据差别较大的数据的影响，那些与目标域数据相近的源域数据将会用于优化分类模型。

虽然样本权重法具有良好的理论支撑且容易获得泛化误差上界，但这类方法往往只适用于领域分布差异比较小的场景。如果源域和目标域的特征表示不同或分布差异较大，则该方法不容易找到源域和目标域相似的样本。因此，其对计算机视觉及自然语言处理等领域分布差异比较大的任务效果并不理想。针对这些任务，基于特征的迁移学习方法效果更好。

8.2.3.2 基于特征的迁移学习

基于特征的迁移学习方法的目标是在源域和目标域空间中找到某些共享的特征集合或者隐含相似的特征表示，使得源域和目标域之间差异最小化，进而提高目标域的学习性能。目前基于特征的迁移学习方法主要可以分为基于特征选择的迁移学习方法和基于特征映射的迁移学习方法。

1. 基于特征选择的迁移学习

基于特征选择的迁移学习方法是在原特征空间中找出源域和目标域的共享特征表示，并借助源域这些共享的特征表示来提升目标域的学习性能。如图 8.5 所示，左边椭圆形区域代表源域的特征，而右边椭圆形区域代表目标域的特征，中间重叠部分则是共享的特征。

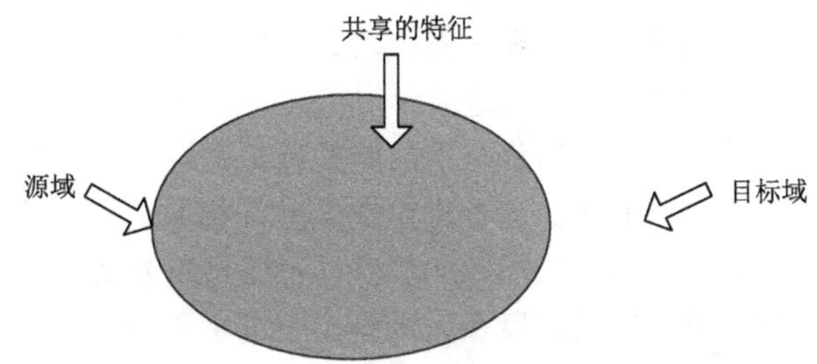

图 8.5　基于特征选择的迁移学习方法

2. 基于特征映射的迁移学习

基于特征映射的迁移学习方法将源域和目标域的特征映射到新的空间，使得在新的特征表示下源域和目标域之间的分布差异减小，从而增加领域共有特征，同时减少领域独有特征，可以直接使用源域数据训练得到的分类器对目标域数据进行分类。如图 8.6 所示，源域和目标域分布不同，通过特征变换使得领域间的特征共享交集变大。

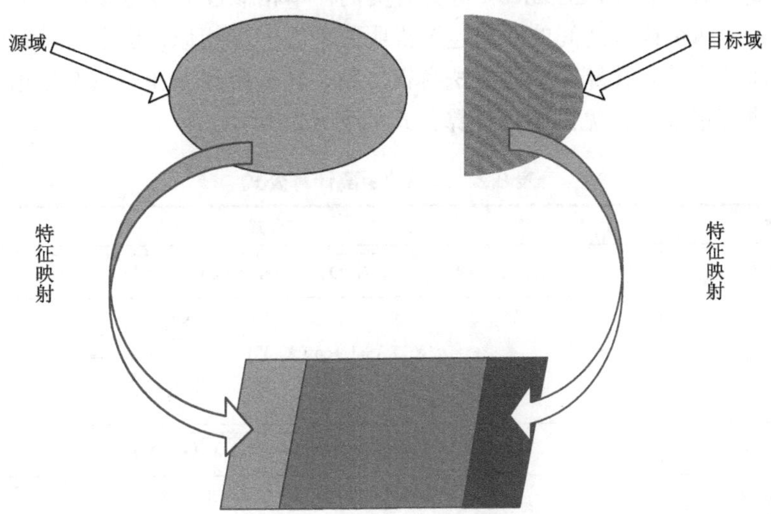

图 8.6　基于特征映射的迁移学习方法

基于特征的迁移学习方法本质上考虑了领域间特征的关系，利用源域和目标域共享的特征提高目标域的学习性能。

8.2.3.3　基于模型的迁移学习

基于模型的迁移学习方法假设从源域和目标域可找到部分可共享的先验分布或者模型参数，在迁移过程中使用这些共享的先验分布或者模型参数提升学习性能。

8.2.4　领域适应学习

领域适应学习的概念与迁移学习密切相关。在一些文献中，迁移学习与领域自适应学习意义相同。目前，领域适应学习在机器学习、数据挖掘、多任务学习等应用领域吸引了越来越多的关注和研究[24-26]。领域适应学习关注利用源域中的训练数据帮助目标域构造学习模型，源域和目标域的数据分布不同但具有相关性[27]。其核心是找到源域和目标域之间的相似性并加以合理利用，这种相似性是进行领域适应的关键。相似性度量工作的目标包括两点：一是度量两个领域的相似性，不仅是判断两个领域是否相似，更需要给出两者之间的相似程度；二是以度量为准则，通过所要采用的学习手段，增大两个领域之间的相似性，从而完成领域适应学习。

度量是领域适应学习中的重要步骤，其核心思想就是衡量两个数据域的差异。计算两个向量（点或矩阵）的距离和相似度是许多机器学习算法的基础，距离或相似度的度量准则能决定算法最后结果的好坏。领域适应方法本质上就是找一个变换，使得源域和目标域的距离最小（相似度最大）。所以，相似度和距离度量在领域适应学习中非常重要。

常见的度量方法有欧氏距离、余弦距离、马氏距离、曼哈顿距离（Manhattan distance）切比雪夫距离（Chebyshev distance）等。对实例样本相似性的度量多以样本之间的各种距离为基础，即两个样本之间的距离越短说明两者之间越相似，这也是学者们研究数据关系的最基本的方法。计算距离的方法有很多种，其适用范围和背景不尽相同，必须根据自身背景进行选择。常见的距离计算公式如表 8.2 所示。

表 8.2　常见的距离计算公式

名称	公式
欧氏距离	$d(X_i,Y_j)=\sqrt{(x_{i1}-y_{j1})^2+(x_{i2}-y_{j2})^2+\cdots+(x_{id}-y_{jd})^2}$
余弦距离	$d(X_i,Y_j)=1-\cos(X_i,Y_j)=1-\dfrac{\sum\limits_{m=1}^{d}(x_{im},y_{jm})}{\sqrt{\sum\limits_{m=1}^{d}x_{im}^2\sum\limits_{m=1}^{d}x_{jm}^2}}$
马氏距离	$d(X_i,Y_j)=\sqrt{(x_i-x_j)^{\mathrm{T}}S^{-1}(x_i-x_j)}$
曼哈顿距离	$d(X_i,Y_j)=\lvert x_{i1}-x_{j1}\rvert+\lvert x_{i2}-x_{j2}\rvert+\cdots+\lvert x_{id}-x_{jd}\rvert$
切比雪夫距离	$d(X_i,Y_j)=\lim\limits_{k\to\infty}\left(\sum\limits_{h=1}^{n}\lvert x_{ih}-x_{jh}\rvert^k\right)^{\frac{1}{k}}$

源域和目标域之间距离的度量定义如下：

$$\mathrm{Distance}(D_{\mathrm{s}},D_{\mathrm{t}})=\mathrm{DisMea}(\cdot,\cdot) \tag{8-13}$$

除了欧氏距离、余弦距离、马氏距离、曼哈顿距离、切比雪夫距离等外，还有 KL

散度（Kullback-Leiber divergence）、JS 距离（Jensen-Shannon divergence）和最大均值差异（maximum mean discrepancy，MMD）等。KL 散度用于衡量两个概率分布 $P(X)$和 $Q(X)$ 的距离；JS 距离基于 KL 散度发展而来；MMD 是领域适应学习中使用频率最高的度量方法，度量在再生 Hilbert 空间中两个分布的距离，是一种核学习方法。两个随机变量的 MMD 平方距离如下：

$$\mathrm{MMD}^2(X,Y)=\left\|\sum_{i=1}^{n_S}\varphi(x_i)-\sum_{j=1}^{n_T}\varphi(y_j)\right\|_H^2 \tag{8-14}$$

式中，$\varphi(\cdot)$ 为映射，用于把原变量映射到再生核 Hilbert 空间（reproducing kernel Hilbert space，RKHS）中。

PKHS 是具有再生性 $\langle K(x,\cdot),K(y,\cdot)\rangle_H=K(x,y)$ 的 Hilbert 空间。将平方展开后，RKHS 中的内积就可以转换成核函数，所以最终 MMD 可以直接通过核函数进行计算。

8.3　基于迁移学习的谱聚类算法

8.3.1　流形距离度量

欧氏距离作为快捷简单的距离度量方法被广泛使用，然而，使用欧氏距离计算的聚类算法往往会忽略数据空间的几何分布特性，无法满足聚类的全局一致性。工程实际中，获得的数据集的空间分布往往不是非常理想的形状，复杂程度不可预测。欧氏距离会产生很多问题，以图 8.7 为例，样本点 c、b 分布在同一结构上，a 则在另一结构上，如果使用欧氏距离计算两点间的距离，则可能将 a、b 聚为同一类，这就是欧氏距离的弊端。因此，要将 c、b 聚为一类，就需要找到合适的距离度量方法。对于工程实际中复杂的聚类问题，欧氏距离会影响聚类性能。

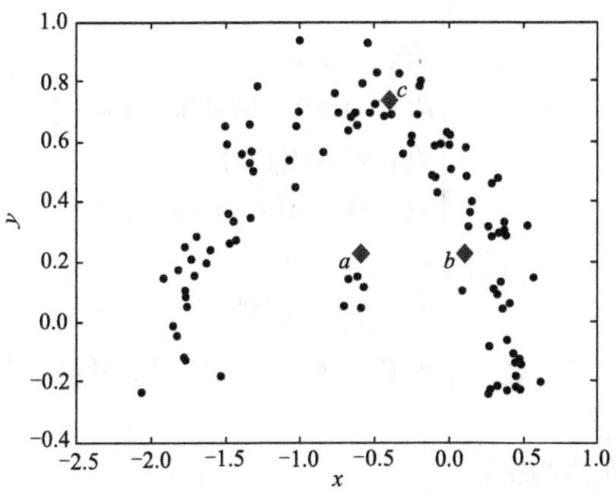

图 8.7　数据的几何分布对欧氏距离的影响

流形是对一般几何对象，如曲线、曲面、几何高维体等的总称，其数学基础是微分流形和黎曼（Riemann）几何，是在任意点都局部同胚于欧氏空间的一种空间[28]。流形的数学定义为：若 Hausdorff 拓扑空间 M 中的任意点 p 都有一个邻域$U\subset M$，使得 U

同胚于 d 维欧氏空间 R^d 的一个开子集，则称 M 是一个 d 维拓扑流形，简称 d 维流形。例如，球面是一个二维流形，如图 8.8 所示。

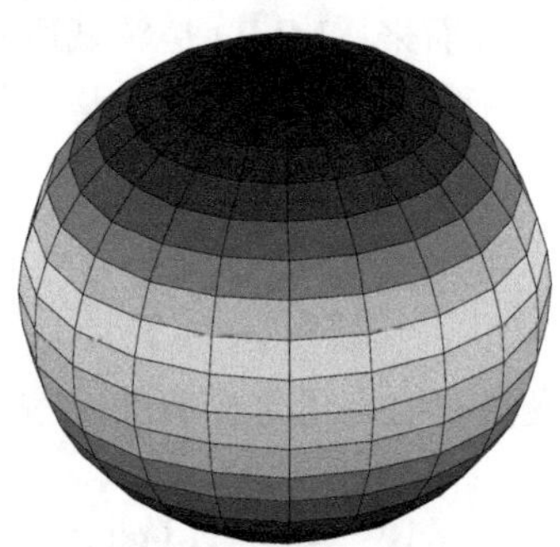

图 8.8　球面流形

球面上的点是用三元向量来表示的，这些三元向量并不能体现出点间的相对位置关系，如果事先不知道球面的存在，会认为这些点只是三维欧氏空间中一般的点，忽略它们其实是分布于一个球面上的特点，即这些点出现的位置并不是任意的，而是由下式限定的：

$$\begin{cases} x = x_0 + r\sin\theta\cos\varphi \\ y = y_0 + r\sin\theta\cos\varphi \\ z = z_0 + r\cos\theta \end{cases} \tag{8-15}$$

式中，$0 \leqslant \theta \leqslant \pi$，$0 \leqslant \varphi \leqslant 2\pi$ 。

分析式（8-15）可得，这些点的自由度为 2，因为球面上的点的坐标都是由两个参数决定的，即此球面为一个二维流形[28]。

流形空间中的测地距离又称为测地线，是对应欧氏空间中的欧氏距离的一个概念，指的是流形空间中两点的最短路径。流形上的测地线是一种距离度量，需满足测度的四个条件，如下：

$$\begin{cases} d(x,y) \geqslant 0 \\ d(x,y) = 0，\text{当且仅当} x = y \\ d(x,y) = d(y,x) \\ d(x,z) \leqslant d(x,y) + d(y,z) \end{cases} \tag{8-16}$$

定义 8.2　流形上的线段长度：

$$L(x_i, x_j) = \mathrm{e}^{\rho \operatorname{dist}(x_i, x_j)} - 1 \tag{8-17}$$

式中，$\operatorname{dist}(x_i, x_j)$ 为 x_i 和 x_j 之间的欧氏距离；$\rho > 1$，为伸缩因子，用来调节两点间线段的长度。

定义 8.3　流形距离测度。

基于流形上的线段长度公式，进一步定义一个新的距离度量，因为它是位于同一流形和不同流形间的长度，所以将其称为流形距离。将数据点看作一个加权无向图 $\boldsymbol{G} = (\boldsymbol{V}, \boldsymbol{E})$ 的顶点 $\boldsymbol{V}$，w_{ij} 为边上的权重，用 $\boldsymbol{E} = \{w_{ij}\}$ 表示边的集合，即 $\boldsymbol{E} = \{w_{ij}\}$ 就是反映在每一对数据点间流形上的线段长度。令 $p = \{p_1, p_2, \cdots, p_l\} \in \boldsymbol{V}^l$ 表示图上一条连接点 p_1 与点 p_l 的路径，其中边 $(p_k, p_{k+1}) \in \boldsymbol{E}$，$1 \leqslant k \leqslant l-1$。令 $P_{i,j}$ 表示连接数据 x_i 与 x_j 所

有路径的集合，则 x_i 与 x_j 之间的流形距离度量定义为

$$S(x_i,x_j)=\min_{p\in P_{i,j}}\sum_{k=1}^{l-1}L(p_k,p_{k+1}) \tag{8-18}$$

式中，$L(p_k,p_{k+1})$ 为两点流形上的线段长度，如式（8-17）所示，有

$$S(x_i,x_j)=\min_{p\in P_{i,j}}\sum_{k=1}^{l-1}\left[\mathrm{e}^{\rho\,\mathrm{dist}(p_k,p_{k+1})}-1\right] \tag{8-19}$$

基于流形距离的度量方法可以同时满足所有距离度量的四个约束条件，具体如下。

1）对称性：$S(x_i,x_j)=S(x_j,x_i)$。

2）非负性：$S(x_i,x_j)\geqslant 0$。

3）三角不等式：对任意的 x_i、x_j 和 x_k，满足 $S(x_i,x_j)\leqslant S(x_i,x_k)+S(x_k,x_j)$。

4）自反性：$S(x_i,x_j)=0$，当且仅当 $x_i=x_j$。

此度量方式可以度量沿着流形上的最短路径，能够很好地反映数据集的内在流形结构和数据的局部密度特征。另外，该度量方式使得位于同一流形上的两点可用许多较短的边相连，而位于不同流形上的两点要用穿过低密度区域的较长边相连，最终达到缩短位于同一流形上的数据点间距离而放大位于不同流形上的数据点间距离，提高非凸数据集聚类性能的目的。

经典谱聚类算法用欧氏距离计算 Gauss 核函数，从而构建相似度矩阵。但是，欧氏距离受样本空间分布影响较大，当数据集呈现非 Gauss 分布时，会损失很多信息特征，所以使用流形距离代替欧氏距离能在一定程度上解决该问题。本章以流形距离计算任意两点的距离，对核函数进行调整，得到基于流形距离计算的相似度矩阵，可使其面对更复杂的分布时保留更多的样本特征信息，提高聚类准确率。

利用流形距离计算谱聚类中的相似度矩阵，各元素的计算方法如下：

$$w_{ij}=\exp\left(-\frac{\min\limits_{p\in P_{i,j}}\sum\limits_{k=1}^{l-1}\mathrm{dist}(p_k,p_{k+1})}{2\sigma^2}\right) \tag{8-20}$$

式（8-20）中相似度矩阵的计算方法虽能考虑数据的整体结构分布，但参数 σ 是通过反复测试得到的，时间复杂度高；若取固定值，则影响核函数的泛化性，制约聚类效果。为了取得合适的参数，文献[29]提出一种根据样本点的邻域信息自动计算尺度参数的方法，为每一个样本点赋予一个 σ_i，为点 x_i 到 K 个近邻的欧氏距离。但是，该方法易受噪声点影响，所以本章中尺度参数 σ 取点 x_i 的 K 个近邻点的加权距离[30]，可在一定程度上提高核函数的自适应能力，降低噪声点的干扰，具体表示为

$$\sigma_i=\sum_{j=1}^{K}e_{ij}d_{ij} \tag{8-21}$$

$$e_{ij}=1-\ln\left(\frac{d_{ij}}{\sum\limits_{k=1}^{K}d_{jk}}\right),\quad e_{ij}>1 \tag{8-22}$$

式中，参数 σ_i 取点 x_i 的 K 个近邻点的加权距离，以降低噪声点的干扰。

由此可以得到融入加权参数和流形距离的相似矩阵计算方法，如下：

$$w_{ij}=\exp\left(-\frac{\min\limits_{p\in P_{i,j}}\sum\limits_{k=1}^{l-1}\mathrm{dist}(p_k,p_{k+1})}{2\sigma_i^2}\right) \tag{8-23}$$

8.3.2　基于流形距离的自适应迁移谱聚类方法

在样本充分时，可通过考虑数据聚类的全局分布，结合局部复杂分布情况，进行自适应调节。但当样本匮乏时，依然不会得到理想效果，由此引入迁移学习解决这一问题。文献[19]利用迁移学习机制，提出了 TSC-IDFR，利用源域的部分历史特征向量来辅助目标域的谱聚类过程。

TSC-IDFR 算法通过减小目标域数据和源域数据上的知识之间的不相似程度进行迁移学习，度量目标域数据和源域数据上的谱聚类知识之间的不相似程度定义如下：

$$D(\boldsymbol{U}^{(C)},\boldsymbol{U}^{(O)})=\left\|\frac{\boldsymbol{K}_{\boldsymbol{U}}}{\|\boldsymbol{K}_{\boldsymbol{U}^{(C)}}\|_F^2}-\frac{\boldsymbol{K}_{\boldsymbol{U}^{(O)}}}{\|\boldsymbol{K}_{\boldsymbol{U}^{(O)}}\|_F^2}\right\|_F^2 \tag{8-24}$$

式中，$\boldsymbol{K}_{\boldsymbol{U}^{(C)}}$ 和 $\boldsymbol{K}_{\boldsymbol{U}^{(O)}}$ 分别为目标域数据特征矩阵 $\boldsymbol{U}^{(C)}$ 和源域数据特征矩阵 $\boldsymbol{U}^{(O)}$ 的相似度矩阵；$\|*\|_F$ 为相似度矩阵的 F-范数。

依据线性核函数的性质，有 $\boldsymbol{K}_{\boldsymbol{U}^{(C)}}=\boldsymbol{U}^{(C)}\boldsymbol{U}^{(C)\mathrm{T}}$ 和 $\left\|\boldsymbol{K}_{\boldsymbol{U}^{(C)}}\right\|_F^2=k$，则式（8-24）可以写为

$$\boldsymbol{D}(\boldsymbol{U}^{(C)},\boldsymbol{U}^{(O)})=\left\|\frac{\boldsymbol{U}^{(C)}\boldsymbol{U}^{(C)\mathrm{T}}-\boldsymbol{U}^{(O)}\boldsymbol{U}^{(O)\mathrm{T}}}{k}\right\|_F^2 \tag{8-25}$$

根据 F-范数和矩阵迹的性质，有

$$\boldsymbol{D}(\boldsymbol{U}^{(C)},\boldsymbol{U}^{(O)})=\frac{2}{k}-\frac{2}{k^2}\mathrm{tr}(\boldsymbol{U}^{(C)}\boldsymbol{U}^{(C)\mathrm{T}}\boldsymbol{U}^{(O)}\boldsymbol{U}^{(O)\mathrm{T}}) \tag{8-26}$$

通过最大化 $\mathrm{tr}(\boldsymbol{U}^{(C)}\boldsymbol{U}^{(C)\mathrm{T}}\boldsymbol{U}^{(O)}\boldsymbol{U}^{(O)\mathrm{T}})$ 达到最小化不相似度矩阵 $\boldsymbol{D}(\boldsymbol{U}^{(C)},\boldsymbol{U}^{(O)})$ 的目的，得到最优化目标函数，如下：

$$\begin{cases}\max\limits_{U\in R^{N\times K}}\mathrm{tr}(\boldsymbol{U}^{(C)\mathrm{T}}\boldsymbol{L}^{(C)}\boldsymbol{U}^{(C)})+\lambda\mathrm{tr}(\boldsymbol{U}^{(C)}\boldsymbol{U}^{(C)\mathrm{T}}\boldsymbol{U}^{(O)}\boldsymbol{U}^{(O)\mathrm{T}})\\ \mathrm{s.t.}\,\boldsymbol{U}^{(C)\mathrm{T}}\boldsymbol{U}^{(C)}=\boldsymbol{I}\end{cases} \tag{8-27}$$

式中，$\mathrm{tr}(\boldsymbol{U}^{(C)\mathrm{T}}\boldsymbol{L}^{(C)}\boldsymbol{U}^{(C)})$ 为经典谱聚类算法最优化项；$\mathrm{tr}(\boldsymbol{U}^{(C)}\boldsymbol{U}^{(C)\mathrm{T}}\boldsymbol{U}^{(O)}\boldsymbol{U}^{(O)\mathrm{T}})$ 为基于 F-范数的知识迁移正则化项；$\lambda>1$，为正则项系数。

考虑到样本聚类的全局一致性，本章在经典谱聚类算法基础上，对其相似度矩阵的计算方法进行改进。基于 TSC-IDFR 算法，本章提出一种基于流形距离的自适应迁移谱聚类方法（adaptive transfer spectral clustering-manifold distance kernal，ATSC-MDK），其实现过程如下。

输入： 源域数据集 $\mathrm{data}^{(O)}$、目标域数据集 $\mathrm{data}^{(C)}$、聚类个数 l、伸缩因子 ρ、正则项系数 λ。

输出： 目标域样本点的划分 $c_1, c_2, \cdots, c_l$。

步骤 1　分别计算源域和目标域的相似度矩阵 $\boldsymbol{W}^{(O)}$ 和 $\boldsymbol{W}^{(C)}$，计算相应的 Laplace 矩阵 $\boldsymbol{L}^{(O)}$ 和 $\boldsymbol{L}^{(C)}$，目标域与源域计算过程相同。

步骤 1.1　根据式（8-21）计算各数据点的尺度参数 σ_i。

步骤 1.2　根据式（8-23）计算数据集的相似矩阵。

步骤 1.3　构造 Laplace 矩阵 $\boldsymbol{L}=\boldsymbol{D}-\boldsymbol{W}$，得到规范化 Laplace 矩阵 $\boldsymbol{L}=\boldsymbol{D}^{-\frac{1}{2}}\boldsymbol{L}\boldsymbol{D}^{-\frac{1}{2}}$，其中 $\boldsymbol{D}$ 为度矩阵。

步骤 2　计算 $\boldsymbol{L}^{(O)}$ 的前 i 个最小特征值对应的特征向量，组成特征矩阵，标准化得到特征矩阵 $U^{(O)}$。

步骤 3　根据式（8-27），得到迁移后的 Laplace 矩阵 $\boldsymbol{L}=\boldsymbol{L}^{(C)}+\lambda\boldsymbol{U}^{(O)}\boldsymbol{U}^{(O)\mathrm{T}}$，进行特征分解，取前 k 个最小特征值对应的特征向量标准化后组成新特征矩阵 $\boldsymbol{U}^{(C)}$。

步骤 4　采用 FCM 等对 $\boldsymbol{U}^{(C)}$ 进行聚类，得到聚类结果 $\{c_1, c_2, \cdots, c_l\}$。

ATSC-MDK 方法引入了流形距离计算相似矩阵，其实现流程如图 8.9 所示。

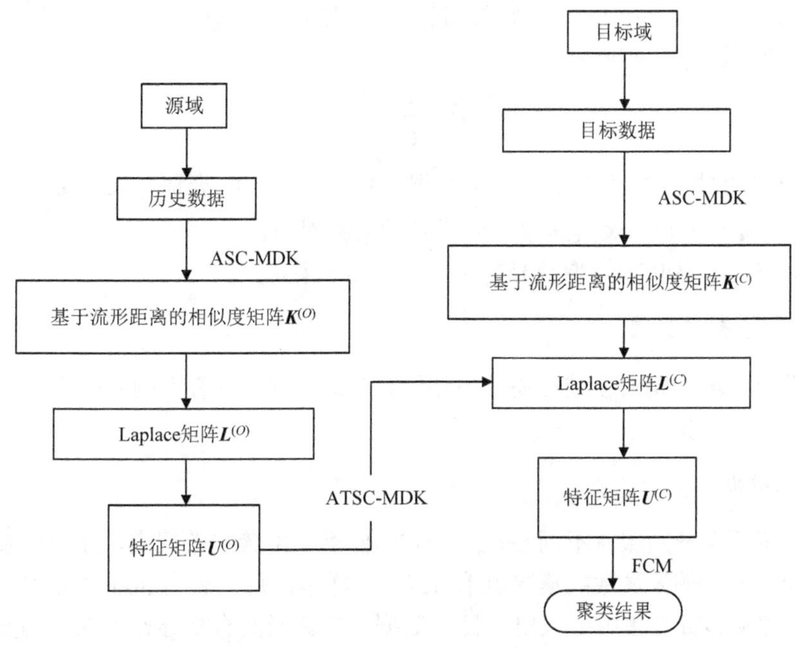

图 8.9　ATSC-MDK 算法流程

ATSC-MDK 算法的主要任务是迭代计算，每一次迭代分别在源域和目标域执行 ASC-MDK 算法，选取来自源域的样本数据时间复杂度是 $O(mn^2)$，利用 Dijkstra 算法搜索最短路径的空间复杂度为 $O(n^2)$，调整系数 λ 的时间复杂度为 $O(n)$，本章整体迭代次数为 T，因此算法的时间复杂度为 $O(mn^2+2n^2+n)$。当本章所提算法处理数据量较大时，可利用图形处理器（graphics processing unit，GPU）对算法进行加速，增加算法的实用性。

8.3.3　实验与分析

为验证 ATSC-MDK 算法的有效性，将使用三组人工模拟数据集和三组公共数据集进行仿真与分析。本章除了与 SC 算法比较外，还将与 ASC-MDK、FCM 算法进行对比。

本实验采用归一化互信息（normalized mutual information，NMI）和兰德系数（Rand index，RI）两大常用方法作为聚类效果的评价标准[30]。

1）NMI 的计算公式如下：

$$\mathrm{NMI}=\frac{\sum_{i=1}^{|U|}\sum_{j=1}^{|V|}P(i,j)\log\left(\frac{P(i,j)}{P(i)P'(j)}\right)}{\sqrt{\sum_{i=1}^{|U|}P(i)\log(P(i))\sum_{j=1}^{|V|}P'(j)\log(P'(j))}} \tag{8-28}$$

式中，$P(i,j)$ 为同时聚类到 U 类和 V 类的概率；$P(i)$ 为聚类到 U 类的概率；$P'(j)$ 为聚类到 V 类的概率。

NMI 的取值范围为[0,1]，取值越趋近于 1，聚类效果越好。

2）RI 的计算公式如下：

$$\mathrm{RI}=\frac{a+b}{C_2^{n_{\text{sample}}}} \tag{8-29}$$

式中，$C_2^{n_{\text{sample}}}$ 为数据集中可以组成的总数据对数；a 为实际类别与聚类结果同类别的数据对数；b 为实际类别与聚类结果不同类别的数据对数。

RI 的取值范围为[0,1]，取值越趋近 1，聚类效果越好。

8.3.3.1　模拟数据集

迁移学习的场景要求领域相关且不相同，为此本章在具有不同复杂度的人造二维模拟数据集上进行实验。

1. 簇状数据集

人工生成两个分别服从不同 Gauss 分布的四类二维簇状数据集，分别代表源域和目标域。其中，构造的源域数据集 S 共有 1200 个样本，每一类为 300 个样本，数据量充足，并且能够从该数据集中提取出对目标数据集的聚类具有指导作用的有用知识。构造的目标域数据集 T_1 共有 120 个样本，每一类为 30 个样本，仅占源域数据集 S 数据总量的 10%，用于代表数据量不充足的场景。虽然源域数据集 S 与目标域数据集 T_1 的均值存在差异，但其方差相同，体现出迁移学习中的源域数据集与目标域数据集之间既存在着相似性，同时也存在着一定差别的情况。构造的目标数据集 T_2 共有 480 个样本，每一类为 120 个样本，占源数据集 S 总数据量的 40%。构造的目标数据集 T_3 与目标数据集 T_2 的均值、方差和数据量完全相同。不同的是，数据集 T_3 是在数据集 T_2 的基础上增加了方差为 3、均值为 0 的 Gauss 噪声，用于代表数据量较为充足但受到了噪声污染的场景。

这些数据的生成均采用 Gauss 概率分布模型函数，生成时使用的均值、方差及每个类别包含的样本数量如表 8.3 所示。

表 8.3　簇状数据集构造

数据集	类别	均值	方差	数量
源域 S	1	$\begin{bmatrix}3\\4\end{bmatrix}$	$\begin{bmatrix}10 & 0\\0 & 10\end{bmatrix}$	300
	2	$\begin{bmatrix}10\\15\end{bmatrix}$	$\begin{bmatrix}25 & 0\\0 & 7\end{bmatrix}$	300
	3	$\begin{bmatrix}9\\30\end{bmatrix}$	$\begin{bmatrix}30 & 0\\0 & 20\end{bmatrix}$	300
	4	$\begin{bmatrix}20\\5\end{bmatrix}$	$\begin{bmatrix}13 & 0\\0 & 13\end{bmatrix}$	300
目标域 T_1	1	$\begin{bmatrix}3.5\\4\end{bmatrix}$	$\begin{bmatrix}10 & 0\\0 & 10\end{bmatrix}$	30
	2	$\begin{bmatrix}10\\14\end{bmatrix}$	$\begin{bmatrix}25 & 0\\0 & 7\end{bmatrix}$	30
	3	$\begin{bmatrix}9\\28\end{bmatrix}$	$\begin{bmatrix}30 & 0\\0 & 20\end{bmatrix}$	30
	4	$\begin{bmatrix}22\\5\end{bmatrix}$	$\begin{bmatrix}13 & 0\\0 & 13\end{bmatrix}$	30
目标域 T_2	1	$\begin{bmatrix}3.5\\4\end{bmatrix}$	$\begin{bmatrix}10 & 0\\0 & 10\end{bmatrix}$	120
	2	$\begin{bmatrix}10\\14\end{bmatrix}$	$\begin{bmatrix}25 & 0\\0 & 7\end{bmatrix}$	120
	3	$\begin{bmatrix}9\\28\end{bmatrix}$	$\begin{bmatrix}30 & 0\\0 & 20\end{bmatrix}$	120
	4	$\begin{bmatrix}22\\5\end{bmatrix}$	$\begin{bmatrix}13 & 0\\0 & 13\end{bmatrix}$	120

上述构造的四组模拟数据集的数据分布如图 8.10 所示。

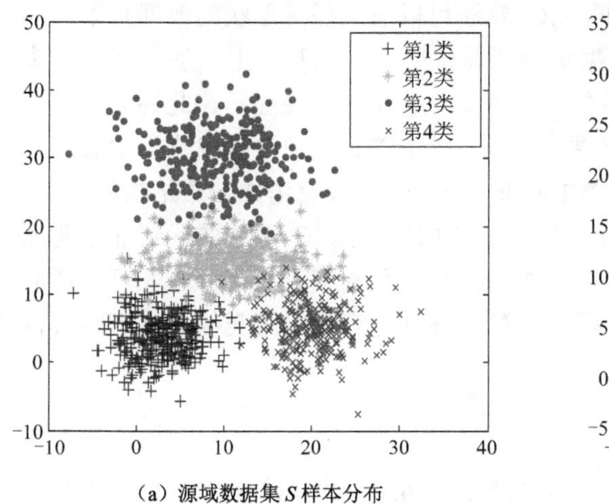

(a) 源域数据集 S 样本分布

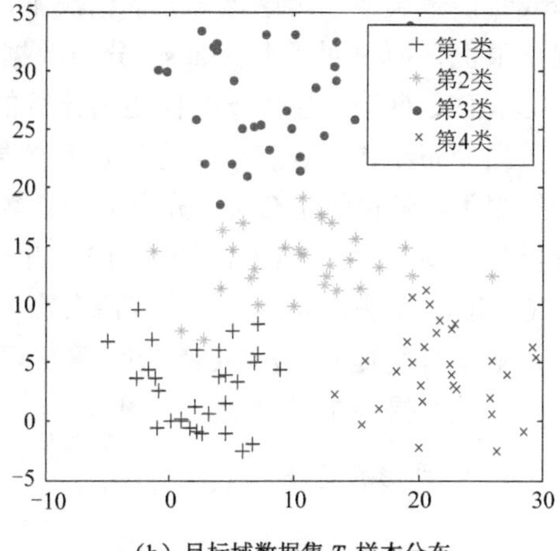

(b) 目标域数据集 T_1 样本分布

图 8.10　簇状数据集分布

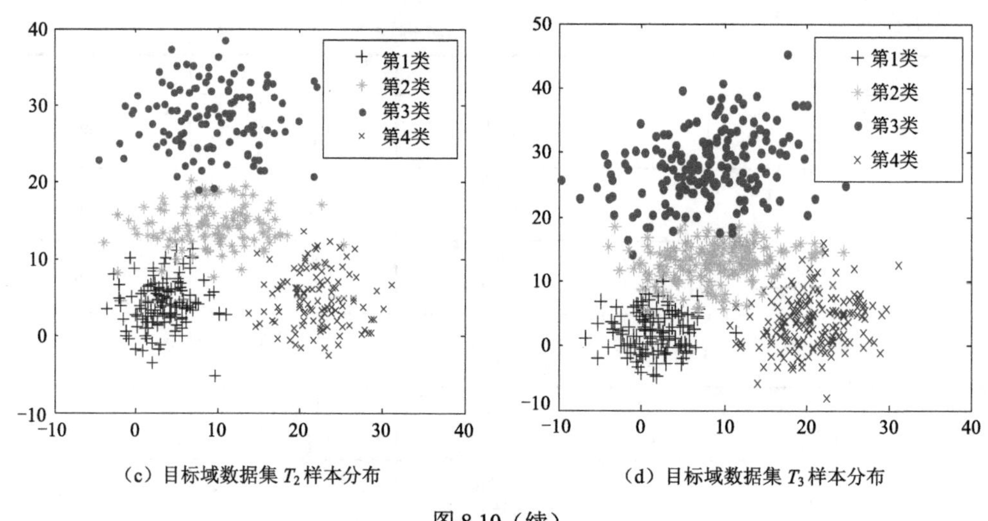

（c）目标域数据集 T_2 样本分布 （d）目标域数据集 T_3 样本分布

图 8.10（续）

表 8.4 给出了各类算法在簇状数据集迁移学习场景下的聚类性能比较结果。

表 8.4 各类算法在簇状数据集迁移学习场景下的聚类性能比较结果

评价指标	场景	FCM	SC	ASC-MDK	ATSC-MDK
NMI	S-T_1	0.5328	0.7109	0.8603	**0.9004**
	S-T_2	0.6775	0.8004	0.8812	**0.9305**
	S-T_3	0.4414	0.7355	0.8745	**0.9123**
RI	S-T_1	0.5921	0.7119	0.8001	**0.8913**
	S-T_2	0.7068	0.8014	0.7689	**0.9211**
	S-T_3	0.4878	0.7841	0.8817	**0.9213**

观察表 8.4 的实验结果，可以得出下述结论：对于非 Gauss 分布样本集，其目标域数据集较分散，且两类之间界限不分明，有相互重叠情况，边缘数据分布较复杂，容易造成错误聚类。在考虑该分布的情况下，SC 算法可以适应任意形状的数据且不易陷入局部最优，所以对于非 Gauss 分布数据集有明显优势。在此基础上，加入流形距离的 ASC-MDK 算法明显优于欧氏距离计算的 SC 算法，且实验结果显示在此种分布下，考虑数据分布结构的迁移学习方法提升效果更为突出。FCM 是通过寻找聚类中心的方法进行聚类，在此种非 Gauss 分布下，聚类中心非常难找，在没有考虑分布结构的情况下，聚类错误率非常高，RI 值低于 0.5。此种形状的数据集中，SC 算法的优势非常明显，ASC-MDK 算法可以更进一步考虑分布的全局一致性，面对复杂边缘分布，可自适应调节，效果有所提升。ATSC-MDK 算法可以从源域得到更有效的聚类信息来帮助目标域聚类，从而提高指导价值。

2. 双月形数据集

人工生成一个包含 600 个样本的双月形二维样本集作为源域数据集，每个半月包含 300 个样本，分别代表正类和负类样本。将源域数据集围绕所有样本的中心逆时针方向依次旋转 20°和 40°，从而得到不同分布的目标域数据集，如图 8.11 所示。旋转角度越大，目标域与源域的数据集分布差异越大，相应地，产生的领域适应问题越复杂。

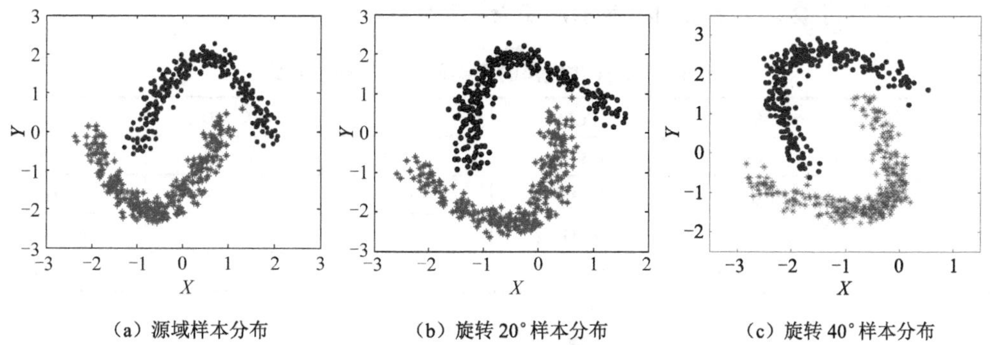

（a）源域样本分布　（b）旋转 20°样本分布　（c）旋转 40°样本分布

图 8.11　M_1-M_2 原始样本分布与聚类后各样本分布结果

表 8.5 给出了各类算法在双月型数据集迁移学习场景下的聚类性能比较结果。

表 8.5　各类算法在双月型数据集迁移学习场景下的聚类性能比较结果

场景	评价指标	FCM	SC	ASC-MDK	ATSC-MDK
20°	NMI	0.3974	0.7841	0.8568	**0.9137**
	RI	0.4012	0.8031	0.8854	**0.9268**
40°	NMI	0.2305	0.7408	0.8212	**0.8997**
	RI	0.2991	0.7575	0.8423	**0.8764**

本实验的目的是检验本章所提的 ATSC-MDK 算法能否通过借鉴来自源域的高级知识来提高目标域聚类的有效性。表 8.5 中的数据聚类对比结果说明，在双月型数据集迁移学习场景中，ATSC-MDK 对来自源域的历史信息可以进行有效的迁移，提高目标域聚类效果。

8.3.3.2　真实数据集

为了进一步验证算法的有效性，本小节使用 UCI 真实数据集进行实验。两个 UCI 数据集分别是 Iris 和 Segment 数据集，详细信息如表 8.6 所示。该数据集为迁移学习、聚类常用的验证数据集，具有一定的基准性。这两个常见的数据集与滚动轴承样本集相似，呈非 Gauss 分布，对算法的检验具有一定的借鉴和参照性。

表 8.6　UCI 数据集的详细信息

数据集	样本大小	特征维数	类别数
Iris	150	4	3
Segment	2310	18	7

为了充分验证本章提出的迁移学习方法在聚类问题中具有更好的适应性，将两个 UCI 真实数据集进行了处理，构造了多个不同的学习场景。将数据集按照一定比例划分为源域和目标域（其中 75%作为源域，其余的 25%作为目标域），并对源域数据进行旋

转、添加噪声等处理，使得源域与目标域的分布不同。为了保证实验结果的公正性，所有实验均重复进行 10 次，实验结果给出所有方法在各数据集上的平均分类测试精度和标准差，并且将最好的结果加粗显示，如表 8.7 所示。

表 8.7 真实数据集的各类算法聚类结果对比

评价指标	场景	FCM	SC	ASC-MDK	ATSC-MDK
NMI	Iris	0.3754	0.6775	0.8427	**0.919**
	Segment	0.1337	0.4532	0.8018	**0.8912**
RI	Iris	0.3112	0.6797	0.8364	**0.9035**
	Segment	0.1244	0.4175	0.8403	**0.8946**

本章小结

机械装备及部件的历史监测数据日益增多，但这些数据相关却不相似，无法直接用于建立故障诊断及预测模型。本章研究利用迁移学习技术将历史监测大数据迁移到具体应用中的小数据领域，解决数据和知识稀缺的问题，使传统的学习由从零开始变得可累积，从而显著提高学习效率。首先，介绍了迁移学习方法产生的背景及谱聚类算法理论，鉴于欧氏距离对聚类结果会产生局限性，引入流形距离测度对谱聚类算法进行改进，形成了基于流形距离的谱聚类算法；其次，由于相似度矩阵对于谱聚类的局部聚类不敏感，对其进行自适应调节，提出了基于流形距离的自适应谱聚类算法；最后，考虑到目标域数据量稀少，结合迁移学习方法，提出了基于流形距离的自适应迁移谱聚类算法，并在人造数据集和公共数据集上与传统算法进行对比，聚类效果较好。

参考文献

[1] BROWN A L, KANE M J. Preschool children can learn to transfer: Learning to learn and learning from example[J]. Cognitive Psychology, 1998, 20(4): 493-523.

[2] LU Y, HOU X, CHEN X. A novel travel-time based similarity measure for hierarchical clustering[J]. Neurocomputing, 2016(173): 3-8.

[3] TZORTZIS G, LIKAS A. The MinMax k-means clustering algorithm[J]. Pattern Recognition, 2014, 47(7): 2505-2516.

[4] SUN J G, LIU J, ZHAO L Y. Clustering algorithms research[J]. Journal of Software, 2008, 19(1): 48-61.

[5] SONG Q, NI J, WANG G. A fast clustering-based feature subset selection algorithm for high-dimensional data [J]. IEEE Transactions on Knowledge and Data Engineering, 2013, 25(1): 1-14.

[6] JIA H, DING S, XU X, et al. The latest research progress on spectral clustering[J]. Neural Computing and Applications, 2014, 24(7-8): 1477-1486.

[7] BIGGS N. Algebraic graph theory[M]. Cambridge: Cambridge University Press, 1993.

[8] WU Z, LEAHY R. An optimal graph theoretic approach to data clustering: Theory and its application to image segmentation [J]. IEEE Transactions on Pattern Analysis and Machine Intelligence, 1993, 15(11): 1101-1113.

[9] SHI J, MALIK J. Normalized cuts and image segmentation[J]. IEEE Transactions on Pattern Analysis and Machine Intelligence, 2000, 22(8): 888-905.

[10] DING C, HE X, ZHA H, et al. Spectral min-max cut for graph partitioning and data clustering[C]// Proceedings of the IEEE International Conference on Data Mining, 2001: 107-114.

[11] HAGEN L, KAHLLG A B. New spectral methods for ratio cut partitioning and clustering[J]. IEEE Transactions on

Computer-Aided Design, 1992, 11(9): 1074-1085.

[12] SARKAR S, SOUNDARARAJAN P. Supervised learning of large perceptual organization: Graph spectral partitioning and learning automata[J]. IEEE Transaction on Pattern Analysis and Machine Intelligence, 2000, 22(5): 504-525.

[13] MEILA M, XU L. Multiway cuts and spectral clustering[R]. Technical Reports: University of Washington, 2003.

[14] ULRIKE VON LUXBURG. A Tutorial on spectral clustering[J]. Statistics and Computing, 2007, 17(4): 395-416.

[15] PAN S J, YANG Q. A Survey on transfer learning[J]. IEEE Transactions on Knowledge and Data Engineering, 2010, 22(10): 1345-1359.

[16] JIE W, YONG X, HONG L. Incomplete multiview spectral clustering with adaptive graph learning[J]. IEEE Transactions on Cybernetics, 2020, 50(4): 1418-1429.

[17] VON LUXBURG U, BOUSQUET O, BELKIN M. Consistency of spectral clustering[J]. Annals of Statistics, 2008, 36(2): 555-586.

[18] LONG M, WANG J, DING G, et al. Adaptation regularization: A general framework for transfer learning[J]. IEEE Transactions on Knowledge and Data Engineering, 2014, 26(5): 1076-1089.

[19] 魏彩娜，钱鹏江，奚臣. 域间 *F*-范数正则化迁移谱聚类方法[J]. 计算机科学与探索，2018, 12(3)：472-483.

[20] DAI W, XUE G R, YANG Q, et al. Transferring naive Bayes classifiers for text classification[C]// Proceedings of the Twenty-Second AAAI Conference on Artificial Intelligence, 2007(7): 22-26.

[21] JIANG W, CHUNG F L. Transfer spectral clustering[C]// Proceedings of the European Conference on Machine Learning and Knowledge Discovery in Databases, 2012(7524): 789-803.

[22] QIAN P, SUN S, JIANG Y, et al. Cross-domain, soft-partition clustering with diversity measure and knowledge reference[J]. Pattern Recognition, 2016(50):155-177.

[23] 龙明盛. 迁移学习问题与方法研究[D]. 北京：清华大学，2014.

[24] PAN S J, TSANG I W, KWOK J T, et al. Domain adaptation via transfer component analysis [J]. IEEE Transactions on Neural Networks, 2011, 22(2): 199-210.

[25] DAVID S B, BLITZER J, CRAMMER K, et al. Analysis of representations for domain adaptation[C]// Neural Information Processing Systems. Cambridge: MIT Press, 2007: 137-144.

[26] DAUME III H, MARCU D. Domain adaptation for statistical classifiers[J]. Artificial Intelligence Research, 2006(26): 101-126.

[27] BRUZZONE L, MARCONCINI M. Domain adaptation problems: A DASVM classification technique and a circular validation strategy[J]. IEEE Transactions on Pattern Analysis and Machine Intelligence, 2010, 32(5): 770-787.

[28] 陈维桓. 微分流形初步[M]. 2 版. 北京：高等教育出版社，2002.

[29] ZELNIK-MANOR L, PERONA P. Self-tuning spectral clustering[C]// Proceeding of NIPS. Vancouver, 2005: 1601-1608.

[30] BROKMANN D, HELBING D. The hidden geometry of complex, network-driven contagion phenomena[J]. Science, 2013, 342(6164): 1337-1342.

第 9 章　滚动轴承多退化特征融合

常用的特征融合方法有 PCA、局部线性嵌入法（locally linear embedding，LLE）等，前者常用于高维数据的线性降维和融合，用来提取数据的主要分量；后者是一种非线性降维和融合方法，降维后的数据能够很大程度上保留原始数据中的流形信息。但是，当以上两种方法用于轴承退化特征的融合时均存在一定的问题，即融合过程中未能考虑到轴承退化特征在不同退化阶段表现出的差异性。针对上述问题，本章提出了基于类敏感度与重叠趋势性联合评价准则的特征融合策略。首先基于迁移谱聚类理论对轴承性能退化阶段进行划分，然后计算各个特征在不同阶段的类敏感度，在此基础上，结合重叠趋势性进行特征的联合评价，建立多特征融合指标。

9.1　基于迁移谱聚类的退化特征类敏感度评价

利用迁移谱聚类算法将滚动轴承的退化过程划分为正常期、轻度退化期及重度退化期，用于描述滚动轴承退化状态的特征。应在不同退化阶段表现出分散性，而在同一退化阶段表现出聚集性，以有利于状态评估。基于上述分析，本章提出使用特征的类敏感度指数进行评估，该指标综合考虑了特征的类内标准差与类间标准差，这里的“类”即为不同的退化阶段。对于所提取的混合域多特征，其类敏感度评价过程如下。

步骤 1　利用迁移谱聚类算法将滚动轴承的样本集 X 的 N 个样本划分为 C 类，代表滚动轴承性能退化过程中的 C 个不同阶段，$N = N_1 + N_2 + \cdots + N_C$。

步骤 2　计算第 i 个特征的类内标准差 S_i，计算方法如下：

$$S_i = \frac{1}{C}\sum_{n=1}^{C} X_i^n \tag{9-1}$$

式中，$i = 1,2,\cdots,K$，$n = 1,2,\cdots,C$，K 为特征个数；X_i^n 为第 i 个特征在第 n 个退化阶段内的标准差，计算如下：

$$X_i^n = \sqrt{\frac{1}{N_n}\sum_{t=1}^{N_n}\left(s_{i,t}^n - \overline{S_i^n}\right)^2} \tag{9-2}$$

式中，$n = 1,2,\cdots,C$；$s_{i,t}^n$ 为第 i 个特征在第 n 个退化阶段中第 t 个样本的特征值；$\overline{S_i^n}$ 为第 i 个特征在第 n 个退化阶段内的均值；N_n 为特征在第 n 个退化阶段内的样本个数。

步骤 3　计算第 i 个特征的类间标准差 A_i，首先求取特征在不同退化阶段下的均值，然后求其标准差，计算方式如下：

$$A_i = \sqrt{\frac{1}{C}\sum_{n=1}^{C}\left(s_{i,t}^n - \overline{Y_{i,n}}\right)^2} \tag{9-3}$$

式中，$i = 1,2,\cdots,K$，$n = 1,2,\cdots,C$，$t = 1,2,\cdots,N_n$；$\overline{Y_{i,n}}$ 表示第 i 个特征在第 n 个退化阶段

下的均值，即

$$\overline{Y_{i,n}} = \frac{1}{N_n}\sum_{t=1}^{N_n} s_{i,t}^n \tag{9-4}$$

式中，$i = 1,2,\cdots,K$，$n = 1,2,\cdots,C$。

步骤 4　计算特征的类敏感度指数 $\partial(i)$，如下：

$$\partial(i) = \frac{A_i}{A_i + S_i} \tag{9-5}$$

$\partial(i)$ 取值越小，表明该特征敏感度越高，当指标值超过 1 时，表明该特征无法进行有效的滚动轴承状态表征，即无法用于滚动轴承的剩余寿命预测。

9.2　基于类敏感度与重叠趋势性的特征融合算法

为了更精确地预测滚动轴承剩余寿命，通常需要提取的预测特征具有良好的趋势性，避免其他意外因素的干扰。因此，在特征融合时，本章在类敏感度指数的基础上提出特征的重叠趋势性概念。趋势性的定义为：对于性能退化特征序列 $y_1, y_2, \cdots, y_n$，中间点为 y_m，首先将序列分为前后两部分，将两部分序列的点按照前后顺序两两配对，得到序列 $(y_1, y_{m+1}), (y_2, y_{m+2}), \cdots, (y_{m-1}, y_n)$；然后将此序列中的每对数据用后一个数减去前一个数，计算得到各数据对差值，关注差值的正负性。如果得到的正数远多于负数，则认为序列有很好的上升趋势；相反则存在下降趋势；若正数与负数数目接近，则表明序列无明显趋势性。

在传统趋势性的定义中，由于考虑了每对数据点的趋势，当序列较长且波动幅度较大时容易陷入局部最优情况，导致计算结果出现一定偏差。考虑到以上情形，本章提出重叠趋势性的概念，使序列中的点以五个为一组，若最后一组不足五个，则直接求其均值。首先，将原始序列划分为 Z 个子区域，计算每个子区域的特征均值，得到子序列 $y(y_1, y_2, \cdots, y_z)$。如果 Z 为偶数，则将子序列 y 以第 $Z/2$ 个点为界划分为前半部分 y_{a} 与后半部分 y_{b} 两部分；若 Z 为奇数，考虑到一个点对于整体趋势性的影响较小，则忽略不计，然后进行同样前后两部分的划分。计算后半部分的第 i 个点与前半部分对应位置的第 i 个点的差值(i=1, 2, ⋯, $Z/2$)，计算差值中正数与负数的个数 $\mathrm{al_z}$ 和 $\mathrm{al_f}$，计算公式如下：

$$\mathrm{al_z} = \sum_{i=1}^{m-1}\sigma(y_{\mathrm{b}i} - y_{\mathrm{a}i}) \tag{9-6}$$

$$\mathrm{al_f} = Z - \mathrm{al_z} \tag{9-7}$$

式中：当 y>0 时，$\sigma(y)$ 取值为 1，否则为 0。

第 i 个特征的重叠趋势性 Re(i)定义为差值中正数的个数与所有值个数的比值，计算公式如下：

$$\mathrm{Re}(i) = \frac{\mathrm{al_z}(i)}{\mathrm{al_{z(\mathit{i})}} + \mathrm{al_f}(i)} \tag{9-8}$$

Re(i)取值为 0～1，当其值大于 0.5 时，表明具有上升的趋势性，其值越接近 1，表明重叠趋势性越强；反之则具有下降的趋势性。

重叠趋势性如图 9.1 所示。

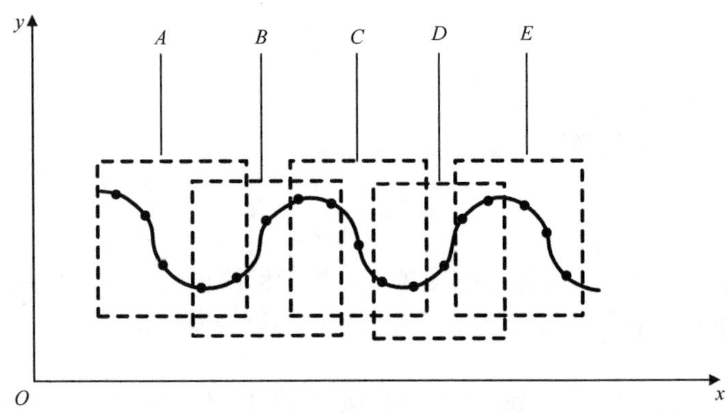

图 9.1　重叠趋势性

从图中可以看出，子区域被划分为五个，即 A、B、C、D、E 区域，所求重叠趋势性即为五个区域的整体趋势性。以区域为单位求趋势性代替以每一点为单位不但减少了计算耗时，还考虑了信号的整体趋势性，避免其被信号局部的趋势影响过大而导致整体计算的趋势性出现较大误差。性能退化特征的重叠趋势性是基于性能退化序列的整体变化趋势进行定义的，将整段信号划分为 N 个有部分重叠的区域，以保证趋势性指标的准确性，且避免其陷入局部最优，导致整体趋势性误差增大。重叠趋势性指标取值范围为 [0,1]。某种性能退化特征随时间表现出越强烈的趋势变化规律，则其重叠趋势性指数值越大，性能退化评估与剩余寿命预测的准确性越准确。

9.3　滚动轴承多退化特征融合算法流程

滚动轴承的混合域多特征选择及融合算法的具体步骤如下。

步骤 1　对滚动轴承退化特征样本集 X_{org} 进行归一化处理，得到归一化的特征样本集 X，X 中的退化特征数目为 M，样本个数为 N。

步骤 2　依据 Hausdorff 距离计算所有特征之间的相似度。

步骤 3　将归一化的特征样本集 X 的 M 个特征分为 K 类。

步骤 3. 1　初始化分类树，从步骤 2 中选出相似度选最小的两个特征，分别作为第一类与第二类的类中心。

步骤 3. 2　继续从其余待选特征中选择与已选特征相似性最小的特征，作为下一类的类中心。

步骤 3. 3　重复步骤 3.2，直至得到 K 个类中心。

步骤 3. 4　将剩余的待选特征依据 Hausdorff 距离相似性逐一归类到与之最为相似的类中，最终将归一化的特征样本集 X 中的 M 个特征分为 K 类。

步骤 4　选取 K 类特征中每类的最优特征，形成最优特征样本集 X_opt。

步骤 4. 1　综合考虑特征的单调性与预测性两个指标，依据式（7-17）对 K 类中的所有 M 个特征进行综合评价。

步骤 4.2　依据特征的综合评价指数 CE_i 从 K 类特征子集中选取每类中指标值最大的特征，形成最优特征集 X_opt，即退化特征数目为 K。

步骤 5　计算 K 个特征的类敏感度指数 $\partial(i)(i=1,2,\cdots,K)$。

步骤 6　计算 K 个特征的重叠趋势性指数 $\mathrm{Re}(i)(i=1,2,\cdots,K)$。

步骤 7　对类敏感度-重叠趋势性值进行归一化，并利用归一化的类敏感度-重叠趋势性值对特征进行融合，得到融合退化指标。

步骤 7.1　计算第 i 个特征正常阶段 T 个样本的均值：

$$V_i=\frac{1}{T}\sum_{t=1}^{T}s_{i,t} \tag{9-9}$$

式中，$i=1,2,\cdots,K$，K 为特征个数；$s_{i,t}$ 为特征 i 第 t 个样本的取值；T 为特征正常阶段样本的个数。

步骤 7.2　计算特征类敏感度与重叠趋势性指数值 $\delta(i)$，计算方法如下：

$$\delta(i)=a\partial(i)+(1-a)\mathrm{Re}(i) \tag{9-10}$$

式中，a 一般取 0.5。

步骤 7.3　归一化 K 个特征的类敏感度-重叠趋势性指数，定义如下：

$$W_i=\frac{|\delta(i)|}{\sum_{i=1}^{K}|\delta(i)|} \tag{9-11}$$

式中，$i=1,2,\cdots,K$。

步骤 7.4　利用归一化的敏感度-重叠趋势性值对特征进行加权融合，得到多特征融合指标：

$$D=\sum_{i=1}^{K}(W_i\times|s_{i,t}-V_i|) \tag{9-12}$$

式中，$t=1,2,\cdots,N$；D 为多特征融合指标；$s_{i,t}$ 为第 i 个特征第 t 个样本值；V_i 为第 i 个特征正常阶段前 T 个样本的均值；W_i 为归一化的敏感度-重叠趋势性指数。

9.4　多特征融合实验与分析

9.4.1　仿真分析

本小节选用 7.5.1 节中的轴承退化仿真信号 $x(t)$ 进行实验，用 9.3 节中的滚动轴承混合域多特征选择及融合算法进行分析，构造出最优特征集，如表 9.1 所示，包括有效值、LCD 能量谱熵、峭度、偏态指标、峰值指标及均方根频率。

表 9.1　特征类敏感度与重叠趋势性权值

序号	特征	类敏感度	重叠趋势性
1	有效值	0.9272	0.8351
2	LCD 能量谱熵	0.8752	0.7906

续表

序号	特征	类敏感度	重叠趋势性
3	峭度	0.8799	0.8426
4	偏态指标	0.8610	0.7394
5	峰值指标	0.8374	0.8015
6	均方根频率	0.7548	0.8325

分别计算上述特征的类敏感度与重叠趋势性的值，并将归一化的指数值作为权重，对以上特征进行融合处理，可得到仿真信号的多特征融合指标，如图 9.2 所示。

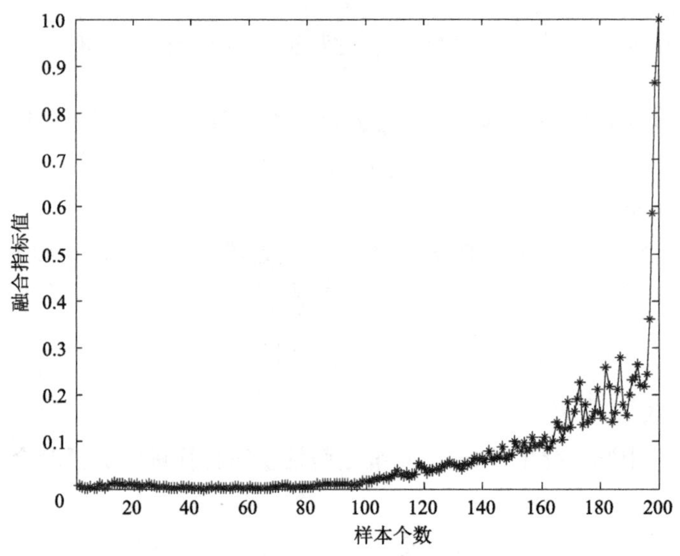

图 9.2　仿真信号 $x(t)$多特征融合指标

从图中可以看出，融合指标能够表征出不同退化阶段的变化情况，在第 100 个样本之前处于正常期，此时融合指标值基本维持平稳，在一个较小的区间内波动；当进入第 100 个样本后，融合指标值开始发生小幅度上升，跳跃幅度随时间不断增大；第 165 个样本之前均处于轻度退化期，此时滚动轴承运行发生轻微故障，导致指标值增大；在 165～195 个样本之间处于重度退化期，此时滚动轴承性能退化速度较快；当达到 195 个样本后，滚动轴承性能急速退化并发生失效。图 9.2 表明，对于仿真信号多特征融合效果较好。为了验证其对于滚动轴承实际信号的融合效果，需要对实际采样的滚动轴承数据进行分析。

9.4.2　实验验证

1. PHM 2012 数据集实验平台

本小节采用 IEEE PHM 2012 数据挑战赛的实验数据验证本章所提方法的效果[1]。IEEE PHM 2012 数据集中的轴承数据全部来自实验室实验平台 PRONOSTIA，该平台具有对滚动轴承从开始运行到失效的全过程的监测和跟踪功能，可为整个运行寿命期间滚动轴承的退化提供真实可靠的实验数据，包括振动、温度、转速和载荷力等状态数据，如图 9.3 所示。PRONOSTIA 实验平台主要包括三个部分：①传动系统，主要是由电动机、齿轮箱、轴及联轴器等构成；②加载系统，通过气压加载对实验轴承施加合理的径向载荷，既不破坏失效机理，又能加快轴承性能衰退过程；③监测系统，通过振动传感器、温度传感器、扭矩传感器及数据采集卡捕获实验轴承实时状态数据，以达到记录实验轴承全寿命周期数据的目的。该实验轴承的振动信号数据来源于两个互为 90° 的微型加速度计（型号为 DYTRAN 3035B，范围为 50g，灵敏度为 100mV/g）。两个加速度计径向放置在型号为 NSK6804DD 的滚动轴承的外圈上，一个垂直方向放置，另一个水平方向放置。每 10s 对两个加速度计收集的振动信号进行一次采样，采样持续时间为 0.1s，采样频率为 25.6kHz。在滚动轴承开始运行到失效的全过程中，为了避免轴承损坏影响到整个实验平台的功能，实验定义了加速度计超过 20g 的阈值，即任何一个加速度计的输出信号幅值超过 2V，即认定该轴承完全失效[2]。

图 9.3　轴承寿命退化实验平台

振动信号采样周期及间隔如图 9.4 所示。

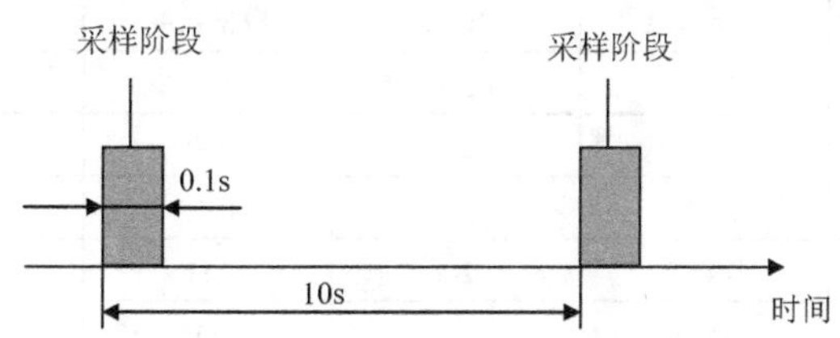

图 9.4　振动信号采样周期及间隔

实验初始轴承没有故障问题，测试的轴承包含了几乎所有类型的缺陷（滚动体、环和保持架）。图 9.5 为测试轴承，其特点如表 9.2 所示。

图 9.5　测试轴承

表 9.2　测试轴承特点

密封圈	外圈直径 D/mm	内圈直径/mm	厚度 B/mm	静态额定载荷/N	动态额定载荷/N	最大速度/(r/min)
	32	20	7	2470	4000	13000
滚动原件	总直径 d/mm	数量 Z	外圈直径 D_e/mm	内圈直径 D_i/mm	平均直径 D_m/mm	
	3.5	13	29.1	22.1	25.6	

表 9.3 列出了 PRONOSTIA 实验台的三种工况信息。表 9.4 为所有加速寿命实验结束时收集到的 17 组滚动轴承的全寿命振动数据信息。

表 9.3　PRONOSTIA 实验台工况信息

工况	实验轴承	转速/(r/min)	载荷/N
1	7	1800	4000
2	7	1650	4200
3	3	1500	5000

表 9.4　PRONOSTIA 实验台轴承全寿命振动数据信息

数据集	工况 1	振动	工况 2	振动	工况 3	振动
	轴承	数据长度	轴承	数据长度	轴承	数据长度
训练集	1-1	2803	2-1	911	3-1	5150
	1-2	871	2-2	797	3-2	1637
测试集	1-3	2375	2-3	1955	3-3	434
	1-4	1428	2-4	751		
	1-5	2463	2-5	2311		
	1-6	2448	2-6	701		
	1-7	2259	2-7	230		

正常运行时，轴承的振动非常规律，非常轻微；而当故障发生时，轴承的振动在高速运转的环境下开始剧烈抖动，变得不稳定，且随着故障问题的加剧而愈演愈烈。

如图 9.6 所示，该示例显示整个实验过程中收集到的原始振动信号。

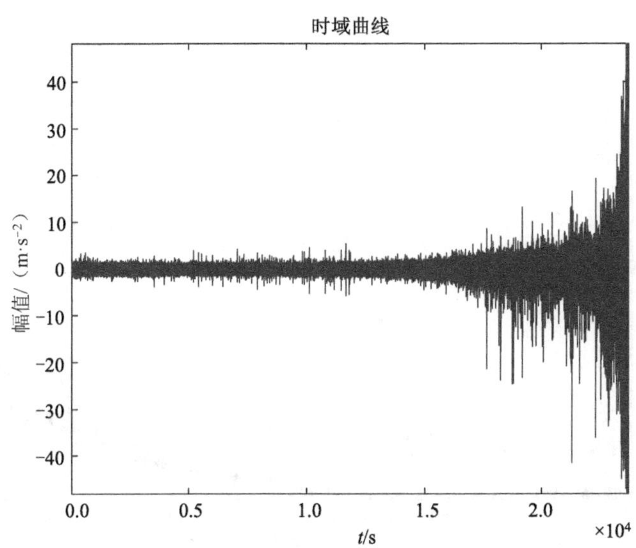

图 9.6　全寿命周期原始振动信号

2. 特征融合结果与分析

IEEE PHM 2012 数据集包含三种不同工况下的轴承数据，分别对轴承 1-1、轴承 2-1 及轴承 3-1 进行最优特征的提取，并通过类敏感度与重叠趋势性对其进行评价，分别计算三个不同工况下轴承特征的类敏感度与重叠趋势性指数，结果如表 9.5 所示。

表 9.5　特征类敏感度与重叠趋势性指数

特征	轴承 1-1	轴承 2-1	轴承 3-1
有效值	0.84	0.79	0.85
LCD 能量谱熵	0.79	0.86	0.83
峭度	0.87	0.85	0.94
偏态指标	0.78	0.85	0.88
峰值指标	0.93	0.84	0.91
整流平均值	0.88	0.88	0.92

对轴承 1-1 提取的混合域多特征进行融合，得到的融合指标如图 9.7 所示。

从图中可以看出，轴承 1-1 多特征融合指标的趋势与轴承性能退化趋势一致，指标值越大表明轴承性能越好，指标值上升表明轴承开始出现退化。当其值升至 0.2 附近时，表明轴承已经进入重度故障阶段，此时应停止运行并进行设备维护或更换。综上分析可以看出，融合指标可以为轴承的剩余寿命预测提供良好的退化数据。

对其进行类敏感度与重叠趋势性评价，并进行多特征融合指标的建立，对融合指标与单一特征进行单调性、趋势性、鲁棒性及综合比较，其分析结果如表 9.6 所示。

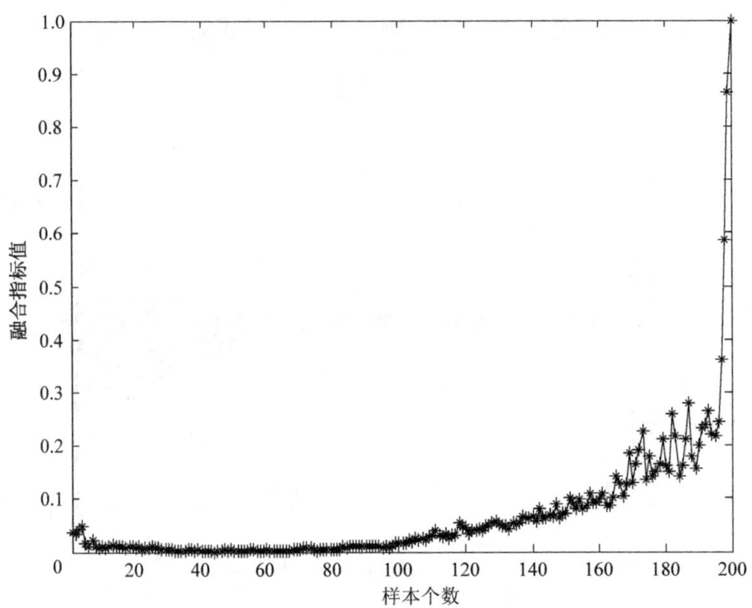

图 9.7 轴承 1-1 多特征融合指标

表 9.6 融合指标与单一特征比较

评价指标	单调性	趋势性	综合评价准则
有效值	0.787	0.659	0.723
LCD 能量谱熵	0.758	0.732	0.745
峭度	0.856	0.586	0.721
偏态指标	0.798	0.832	0.815
峰值指标	0.856	0.757	0.807
均方根频率	0.834	0.561	0.698
融合指标	**0.912**	**0.886**	**0.899**

从表中可以看出，相比于从混合域中选择的单一退化指标，多特征融合指标在各个评价指标方面都要优于其他的单一退化指标，因此融合效果较好，且对于轴承的退化状态表征较灵敏，有利于剩余寿命预测的进行。

9.5 滚动轴承剩余寿命预测实验与分析

在滚动轴承的完整运行周期内，通常在运行初期呈现长期的正常运行状态，该阶段滚动轴承没有发生明显退化的情况，因此也不需要对其进行剩余寿命预测。在剩余寿命预测之前先进行滚动轴承的退化阶段划分，可以大大减少剩余寿命预测的时间，提高预测效率；同时可以降低无效数据的干扰，提高预测精度。当滚动轴承出现初期故障开始发生退化时，便可以对其进行剩余寿命预测，其主要过程如下。

首先，通过历史数据根据随机过程模型建立滚动轴承的退化模型，再判断滚动轴承是否开始发生退化情况，当其发生退化时，通过粒子滤波方法与建立的数学模型结合测量到的数据进行模型的参数更新，进而可以实现滚动轴承退化情况的估计，最终可以预测出滚动轴承的退化轨迹及剩余寿命。通常不同的特征对于滚动轴承的表征特点也不同，为了更准确地实现滚动轴承的剩余寿命预测，需要先对滚动轴承的退化阶段进行划分，因此首先需要监测滚动轴承故障的出现，并采用融合指标完成滚动轴承的剩余寿命预测。本小节采用基于粒子滤波的滚动轴承剩余寿命预测方法进行研究分析。

9.5.1　数学模型仿真数据验证

首先，对仿真信号 $x(t)$进行特征提取与选择，并利用类敏感度与重叠趋势性评价准则进行多特征融合指标构建，均匀选取仿真信号的 50 个样本通过粒子滤波模型进行预测，选取有效值误差进行预测效果对比，其预测结果与误差情况如图 9.8～图 9.10 所示。

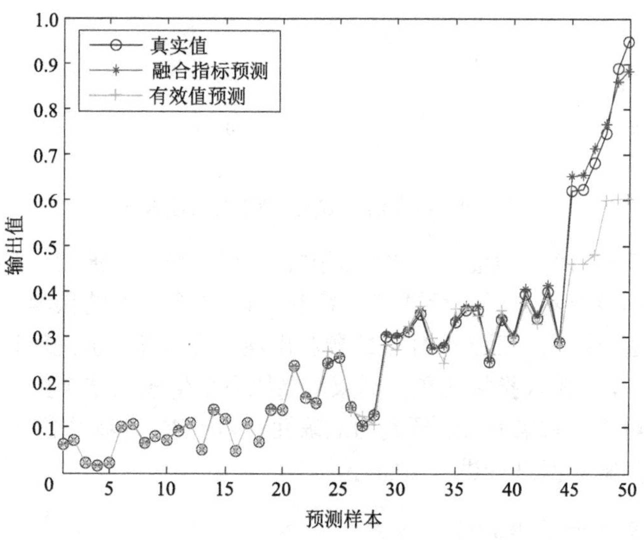

图 9.8　仿真信号 $x(t)$预测曲线

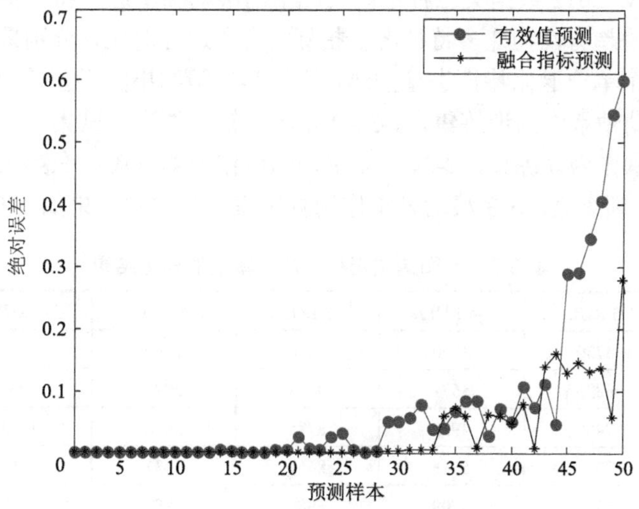

图 9.9　仿真信号 $x(t)$预测绝对误差曲线

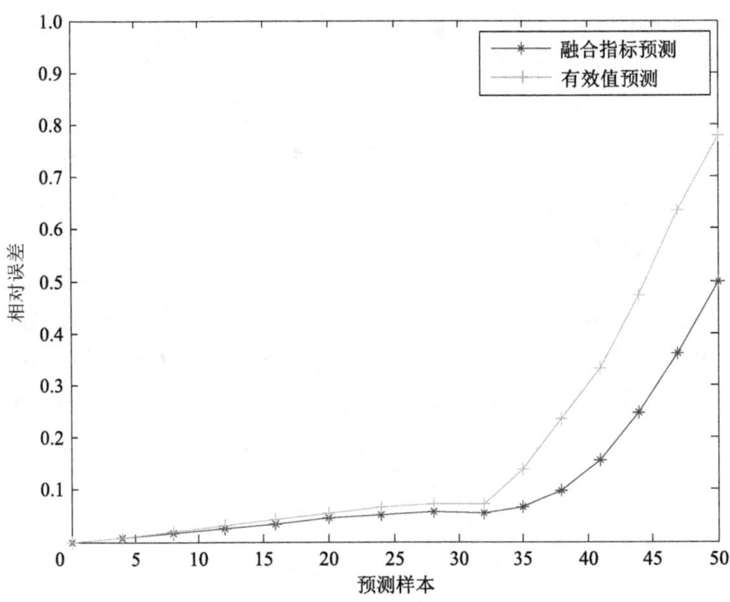

图 9.10　仿真信号 $x(t)$预测相对误差曲线

通过图 9.8～图 9.10 可以看出，多特征融合指标与粒子滤波模型具有较好的预测效果，能够在一定程度上对数据进行预测。其中，前 45 个样本的预测误差均较小，随着时间的增长误差逐渐增大，后 5 个样本的预测出现一定误差，但绝对误差与相对误差值显示误差程度不大，且融合指标的预测结果明显比有效值预测结果更加精确，误差更小，证明了所提方法对于仿真信号 $x(t)$预测的准确性。为了进一步对比所提方法的有效性，采取全寿命周期实验数据进行进一步验证。

9.5.2　全寿命周期实验数据验证

对 IEEE PHM 2012 数据集三种不同工况下的滚动轴承进行特征提取与选择，并利用类敏感度与重叠趋势性构建多特征融合指标。为了进行对比，分别采取多特征融合指标与第 7 章的六个单一退化特征进行预测，比较其实验结果的误差情况。在第一种工况下，选择 1-1 滚动轴承作为训练集，1-3、1-4 滚动轴承作为测试集；在第二种工况下，选择 2-1 滚动轴承作为训练集，2-3、2-4 滚动轴承作为测试集；在第三种工况下，选择 3-1 滚动轴承作为训练集，3-3 滚动轴承作为测试集，其预测结果如表 9.7 所示。

表 9.7　不同退化指标在测试集上的预测结果

特征	1-3 RUL/s	1-4 RUL/s	2-3 RUL/s	2-4 RUL/s	3-3 RUL/s	综合误差
真实值	5730	3390	7530	1390	820	—
有效值	6896	5671	9073	2983	1031	**0.49**
LCD 能量谱熵	7460	4982	8785	3028	1293	**0.53**
峭度	7964	5316	8651	3431	1468	**0.67**
偏态指标	6341	5709	8986	2901	1240	**0.50**
峰值指标	7682	1804	9759	2389	1386	**0.46**

续表

特征	1-3 RUL/s	1-4 RUL/s	2-3 RUL/s	2-4 RUL/s	3-3 RUL/s	综合误差
均方根频率	7225	2014	8847	2669	1778	**0.52**
融合指标	**5368**	**2657**	**7094**	**1859**	**733**	**0.15**

从表中可以看出，与其他的单一退化特征相比，多特征融合指标对于 IEEE PHM 2012 数据集中不同工况下的三种滚动轴承预测效果更好，其精度更高。对于三种工况下五个滚动轴承的剩余寿命预测，多特征融合指标的预测误差均远远小于其他几个特征的预测误差，因此本章提出的多特征融合指标在滚动轴承的剩余寿命预测上精度更高。

本章小结

本章基于迁移谱聚类理论对轴承的退化状态进行了划分，通过类间标准差与类内标准差的比值定义了类敏感度准则；结合轴承的退化特点提出了重叠趋势性准则，将二者结合形成类敏感度与重叠趋势性评价准则；对轴承的混合域多退化特征进行了类敏感度与重叠趋势性评价；利用评价参数对选择的多特征进行融合，形成多特征融合指标，给出了滚动轴承多退化特征融合算法流程；通过仿真模型与滚动轴承实际退化数据进行了实验验证，结果表明了多特征融合方法的有效性。

参考文献

[1] NECTOUX P, GOURIVEAU R, MEDJAHER K et al. PRONOSTIA: An experimental platform for bearings accelerated life test[C]//IEEE International Conference on Prognostics and Health Management, 2012.

[2] 曾庆凯. 滚动轴承性能退化表征与剩余寿命预测方法研究[D]. 郑州：郑州航空工业管理学院，2020.